高等职业教育"十四五"系列教材

机电类专业

U0151279

现代传感器应用技术仿真与设计

主　编　夏守行　郑火胜
副主编　朱　丽　宋建伟　奚　洋
参　编　谢美芬　朱飒飒

南京大学出版社

图书在版编目(CIP)数据

现代传感器应用技术仿真与设计 / 夏守行，郑火胜
主编. —南京 ：南京大学出版社，2022.8
　　ISBN 978 - 7 - 305 - 25963 - 0

　　Ⅰ. ①现… 　Ⅱ. ①夏… 　②郑… 　Ⅲ. ①传感器 　Ⅳ.
①TP212

中国版本图书馆 CIP 数据核字(2022)第 134611 号

出版发行　南京大学出版社
社　　址　南京市汉口路 22 号　　　邮　　编　210093
出 版 人　金鑫荣

书　　名　**现代传感器应用技术仿真与设计**
主　　编　夏守行　郑火胜
责任编辑　吕家慧　　　　　　　　编辑热线　025 - 83597482

照　　排　南京开卷文化传媒有限公司
印　　刷　南京玉河印刷厂
开　　本　787 mm×1092 mm　1/16　印张 13　字数 316 千
版　　次　2022 年 8 月第 1 版　2022 年 8 月第 1 次印刷
ISBN 978 - 7 - 305 - 25963 - 0
定　　价　43.00 元

网　　址：http://www.njupco.com
官方微博：http://weibo.com/njupco
微信服务号：njuyuexue
销售咨询热线：(025)83594756

前　　言

本书为温州科技职业学院教学改革的系列教材之一,为物联网、电子信息、电气自动化、工业机器人等高等职业院校学生开设的课程而开发编写。可以作为高等职业院校应用电子类、电子信息类、智能制造类等专业开设的传感器与检测技术的课程教材;也可作为生产一线岗位技术人员的参考书。

教材内容注重了实用性和项目性,除基本原理外,教材中出现的电路均标注了元件参数,并通过了仿真或实物制作的验证,为正确电路。项目化内容体现了以职业生涯为目标,以工作结构为框架,以职业能力为基础,以培养学生与现代技术相适应的技术实践能力为主要内容,以弹性和综合性为特征,多种课程形态相结合的课程,也体现了技能特征。

为适应新技术的发展,以及提高学习和应用效率,本书加入了较为容易上手的仿真软件Proteus 8 Professional 和 Arduino 单片机的使用,目前在网络上已有许多的 Arduino 单片机关于传感器的应用代码,由于商家和网友已写好很多传感器的库函数,编写程序变得较为简单,非常容易学习和提高,通过仿真可以较快地理解传感器的基本原理、特性和应用。

本书的主要内容:以典型的传感器实际应用分类为章节,以模块引出项目所涉及的理论与实践知识进行编写。本书共安排了"绪论""接近开关传感器应用与设计""工业传感器应用与设计""机器人传感器应用与设计""智能家居传感器应用与设计""智慧农业传感器应用与设计"等 6 章,每章又分若干模块,讲解了智能制造和智慧生活。

本书由温州科技职业技术学院夏守行、武汉城市职业学院郑火胜担任主编,武昌职业学院朱丽、温州科技职业技术学院宋建伟、咸宁职业技术学院奚洋担任副主编,温州科技职业技术学院谢美芬和朱飒飒参与了本书编写工作,全书由夏守行统稿。本书在编写过程中,得到温州科技职业技术学院的相关老师的指导和帮助,在此一并感谢。

由于编者水平和资料收集所限,疏漏和错误在所难免,恳请读者批评指正。

编者
2022 年 5 月

目　　录

第1章

绪　论

　　传感器和检测技术是国防、工业、农业、居民生活、科学实验等活动中对信息资源的获取、传输与处理的一种重要手段。例如对温度、湿度、位移、压力、流量、光照、速度等非电量的物理量进行检测,并把这些非电量转换为电信号输出的装置或设备称为传感器,以方便于显示和控制。非电量信息转换为电信号后,具有测量精度高、反应速度快、能自动连续地进行测量、实现远距控制、便于自动记录、可以与计算机方便地连接进行数据处理、也可采用微处理器做成智能仪表、能实现自动检测与转换等一系列优点。

　　传感器和检测技术是现代工业自动化、居民智慧生活、智慧农业等方面的基础,传感器类于人类的"感官",失去传感器,自动化、智慧等设备将成为"盲人""聋人"。现代科技的发展不断地向传感器和检测技术提出新的要求,推动了传感器和检测技术的发展。与此同时,传感器和检测技术涉及各个科技领域(如材料科学、微电子学、计算机科学等)的新成果,开发出新的检测方法和先进的检测仪器。

1.1　传感器概述

一、教学目标

　　终极目标:认识传感器在专业领域课程中的地位、认识传感器在自动化、智慧社会中的作用、认识传感器的常见检测物理量等。

　　促成目标:

　　1. 掌握传感器的基本组成。

　　2. 理解传感器的常见检测物理量。

　　3. 会三线传感器的接线方法。

二、工作任务

　　工作任务:认识传感器的应用领域、传感器的基本组成、传感器的测量物理量、传感器的信号检测转换等。

　　传感器在实际应用中,涉及的领域有:工业自动化、智慧农业生产、基础学科研究、宇宙开发、海洋探测、军事国防、环境保护、资源调查、医学诊断、智能家居、汽车、家用电器、生物工程、商品质检等等。例如:

　　工业自动化:温度、流量、压力、液位、距离、红外、磁场、金属等检测。

　　智慧农业生产:温度、湿度、光照、红外、CO_2、土壤、营养成分等检测。

　　基础学科研究:超高温、超高压、超低温、超高真空、超强磁场等非常规状态检测。

无人机:速度、加速度、位置、姿态、温度、气压、磁场、振动等测量。

智能家居:温度、湿度、煤气、火灾、振动、指纹、烟雾、电能等测量。

三、传感器的组成与分类

进入传感器的信号幅度是很小的,而且混杂有干扰信号和噪声。为了便于随后的处理,首先要将信号放大滤波,并整形为具有最佳特性的波形,有时还需要将信号线性化,该工作是由放大器、滤波器以及其他些模拟电路完成的。在某些情况下,这些电路的部分是和传感器部件直接相邻的。处理后的信号随后可转换成模拟信号或数字信号,并输入识别电路或微处理器,最后输出信号结果,以方便指示和控制。

传感器一般由敏感元件、转换元件和转换电路组成。敏感元件是直接感受被测量,并输出与被测量成一定关系的某一电量的元件,如图 1-1-1 所示。

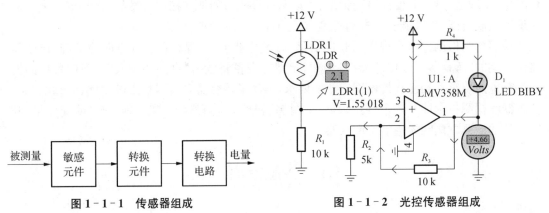

图 1-1-1　传感器组成　　　　　图 1-1-2　光控传感器组成

例如:如图 1-1-2 所示简单的光控仿真电路,LDR 为光敏电阻,即敏感元件,经运放 LMV358 放大输出,最后控制 LED 灯的亮度变化。当输入模拟光亮度调节至 2.1 lm 时,与 R_1 电阻分压,得到约 1.55 V 的电压,经 LMV358 同相 3 倍放大,最后输出约 4.66 V 的电压,改变光亮度,输出电压也跟着变化,LED 灯亮变化。

传感器的种类名类繁多,分类也不尽相同。

常用分类方法如下:

(1) 按传感器检测的物理量分类:压力、温度、流量、光度、电量、磁场、声音、生物量等传感器。

(2) 按传感器工作原理分类:电阻、电容、电感、光栅、热电偶、超声波、激光、红外、光导纤维等传感器。

(3) 按传感器的输出信号分类:数字式、模拟式传感器。

四、传感器的性能指标

在传感器电路中,需要对各种参数进行检测和控制,如要达到比较良好的控制性能,则必须要求传感器能够感测被测量的变化并且不失真地将其转换为相应的电量,这种要求主要取决于传感器的基本特性。传感器的基本特性主要分为静态特性和动态特性。

1. 静态特性

静态特性是指传感器检测系统的输入为恒定信号时,传感器系统的输出与输入之间的关系。主要包括线性度、灵敏度、迟滞、重复性、漂移等。

（1）线性度

指传感器输出量与输入量之间的关系曲线偏离拟合直线的程度，如图 1-1-3 所示。

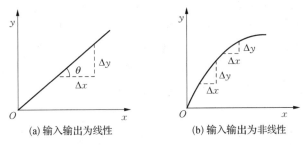

(a) 输入输出为线性   (b) 输入输出为非线性

图 1-1-3　传感器的灵敏度

（2）灵敏度

灵敏度也是传感器静态特性的一个重要指标。其定义为输出量的增量 Δy 与引起该增量的相应输入量增量 Δx 之比。对于输入输出为线性关系的传感器，其灵敏度为一常数，该灵敏度即为直线的斜率，而对于输入输出为非线性关系的传感器，其灵敏度为工作点处的切线斜率。

（3）迟滞

传感器在输入量由小到大或输入量由大到小变化期间，其输入输出特性曲线不重合的现象称为迟滞。对于同一大小的输入信号，传感器的正反输出信号大小不相等，这个差值称为迟滞差值。

（4）漂移

传感器的漂移是指在输入量不变的情况下，传感器输出量随着时间变化，此现象称为漂移。产生漂移的原因有两个方面：一是传感器自身结构参数；二是周围环境（如温度、湿度等）。最常见的漂移是温度漂移，即周围环境温度变化而引起输出量的变化，温度漂移主要表现为温度零点漂移和温度灵敏度漂移。

2. 动态特性

动态特性是指检测系统的输入为随时间变化的信号时，系统的输出与输入之间的关系。动态特性的主要性能指标有时域单位阶跃响应性能指标和频域频率特性性能指标。

例如：当输入检测量突然变化时，而传感器输出则可能是图 1-1-4 所示的过阻尼、临界阻尼、欠阻尼衰减振荡和零阻尼等幅振荡的一种，其中后两种输出振荡形式的大多数情形是要避免的，除非是要利用振荡形式。

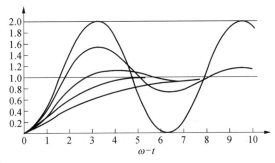

图 1-1-4　动态特性曲线

五、传感器的常见外形应用

传感器的外形与电路形式,也与安装位置和环境有关,如图 1-1-5 所示。其中图 1-1-5(a)所示为光电接近开关,主要检测前方是否有物体挡住,如有物体挡住则将检测到并输出信息。有些光电接近开关是可以检测颜色的,如图 1-1-5(b)所示则可构成安全光幕,以保护人员误入机械手操作空间,当然同时也要求操作人员按规程操作,而非操作人员则严禁进入操作空间。图 1-1-5(c)所示为光电编码器,应用于机床、机械手等速度和方向的检测,是自动化设备的重要部件。图 1-1-5(d)所示的超声波传感器,可以检测前方物体的距离,常用于汽车倒车雷达,检测汽车前后方和周围物体距离,对人身和汽车本体的安全起着重要的作用。但毕竟大多数的汽车雷达只是起到提醒作用,刹车动作仍须驾驶人员完成,这就要求驾驶人员不能违章违法驾驶,并要具有把人身安全放在第一位的思想意识。

(a) 光电接近开关　　　　(b) 安全光栅　　　　(c) 光电编码器　　　　(d) 超声波传感器

图 1-1-5　几种传感器外形

常见的三根引线的传感器如图 1-1-6 所示,其中棕色线是接电源正极,蓝色线是接电源负极,黑色线是信号输出。

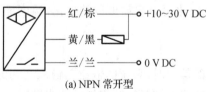

(a) NPN 常开型　　　　　　　　　　　　(b) PNP 常开型

图 1-1-6　三线传感器接法

1.2　Arduino 单片机基本使用

微信扫码见本节
仿真电路图与程序代码

一、教学目标

终极目标:会简单使用 Arduino 开发板及其 IDE,理解程序执行过程。

促成目标:

1. 掌握 Arduino IDE 软件的安装和基本操作。

2. 理解 Arduino 程序结构的组成。

3. 会应用 Arduino 开发板完成一些功能电路。

4. 会调试 Arduino 开发板及外围元件或部件。

二、工作任务

工作任务：利用 Arduino 单片机，完成基本的 LED 灯闪烁、按钮控制、串口显示和 OLED 屏显示结果。

Arduino UNO 是款基于 ATMEGA328 的单机开发板，其板载 14 个数字 IO 端 0～13 引脚（其中 6 个端可以作为 PWM 信号输出功能使用），6 个模拟输入（也可做数字信号输入和输出功能）端 A0～A5 引脚，1 个 16 MHz 的晶体振荡器，如图 1-2-1 所示。

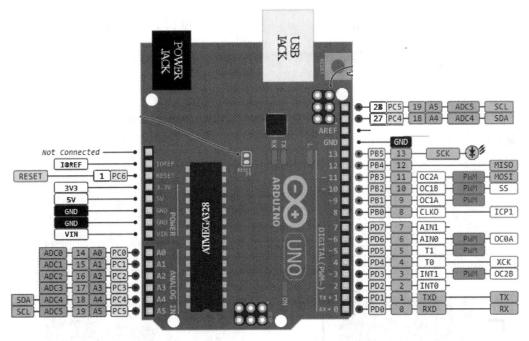

图 1-2-1　ATMEGA328 开发板示意图

其中 0 和 1 端口，同时还作为 Rx 和 Tx 通信用，计算机向开发板烧录程序时，将自动使用该两端口，因此，如果引脚足够用，此两脚不优先使用，避免频繁拔插。有 PWM 的为第二功能，可用于调光调速。模拟量输入的 A0～A5 可作为 ADC 转换，为 10 位转换，其中 A4 和 A5 的第二功能 SDA 和 SCL 用作 I²C 通信用，可连接采用 I²C 通信方式的 OLED 屏或其他设备。

三、Arduino IDE 的安装

编写 Arduino 程序可用专门的 IDE，如 Arduino 1.8.19，可到官网 https://www.arduino.cc/en/software 下载，也可以到 Arduino 中文社区 https://www.arduino.cn/下载，上面还有许多的例子可以参考。作为学习者，必须要有自学的习惯，利用网络资源学习传感器原理，通过例子学习，总结编程方法思路，并具有解决问题的能力。

Arduino 1.8.19 的安装比较简单，选择安装路径后，一路点击"Next"即可，启动画面如图1-2-2所示，初始编程界面如图 1-2-3 所示。"void setup()"为设置函数，"void main()"为主程序。

图 1-2-2　Arduino 画面

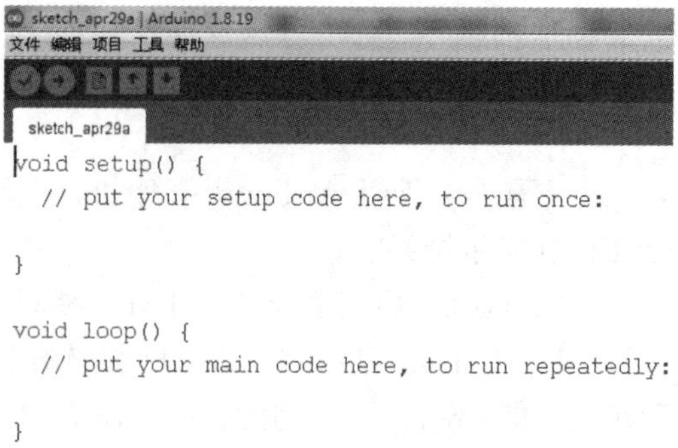

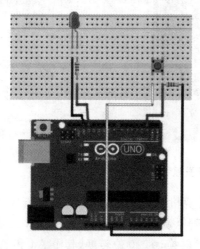

图 1-2-3　初始编程界面

四、Arduino IDE 的使用

1. 按钮闪烁灯

这里 LED 闪烁灯使用第 13 脚,按钮使用第 3 脚,与面包板连接如图 1-2-4 和图 1-2-5 所示,效果是按一次按钮,灯闪烁,再按一次按钮,灯灭,USB 口是连接到计算机上,会有提示安装驱动,须安装好驱动才能使用。

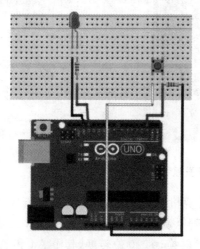

图 1-2-4　连接示意图

图 1-2-5　连接实物图

Arduino 程序如下:

```
# define LED   13      //声明 13 脚接 LED 灯
# define KEY   3       //声明 3 脚接按钮
int val = 0;           //定义变量 val,初值为 0
void setup() {         //设置函数
    pinMode(LED,OUTPUT);          //引脚模式设置,LED(13 脚)为输出类型
    pinMode(KEY,INPUT_PULLUP);    //3 脚为输入,"PULLUP"指内部接上拉电阻
}
void loop() {   //主程序
```

```
    ScanKey();    //调用按键扫描子程序,判断按钮是否被按下
    if(val= = 1)    // 如 val 为 1,则灯闪烁
    {
      digitalWrite(LED,LOW);    //LED 脚写入低电平 LOW,灯灭
      delay(200);    //延时 200ms
      digitalWrite(LED,HIGH);    //LED 脚写入高电平 HIGH,灯亮
      delay(200);    //延时 200ms
        }  }
  void ScanKey()  {   //按键扫描子程序
    if(digitalRead(KEY)= = LOW) {   //如 3 脚状态读入为低(即按键按下),则
      delay(20);                 //延时 20ms,即稍等
      if(digitalRead(KEY)= = LOW) { //再判断 3 脚仍为低,防抖动,则
          val = ~ val; //取反,如原为 1 变为 0,反之 0 则变 1
          while(digitalRead(KEY)= = LOW);   //如 3 脚仍为低则执行空语句,
          //while 后的";"表示空语句,等效于"等待按键放开为止"。
        }   }   }
```

由上述语句可知,总体程序是比较简单明了的,其中"delay(20);"表示延时 20 ms,这里调用了 Arduino 自带的内部库函数 delay(),至于为什么会是 20 ms,则须找到该库函数才能解释清楚,一般初学者不用关心此问题,会调用即可。"digitalWrite(LED,HIGH)"语句也类似,"digitalWrite()"为数据写入。

图 1-2-6　编程界面

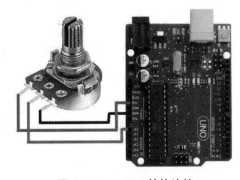

图 1-2-7　ADC 转换连接

程序写完后,点击左上角的"√"按钮,如图 1-2-6 所示,进行编译,编译如果是成功的,底部窗口出现会几行白色的字,如果为红色的字则编译错误,须重修改程序。点击左上角的"→"按钮,则把编译完成的机器码烧录至 Arduino 单片机。另外注意开发板确认是"Arduino Uno"的。

2. Arduino ADC 转换,结果用电脑串口显示

ADC 用于将模拟输入电压转换为数字形式。在 Arduino UNO 板中,有一个多通道 10 位 ADC。10 位意味着 0 V～5 V 的输入电压被转换成范围 0～1 023 的数字值。Arduino UNO 上共有 6 个 ADC 引脚。这些引脚是 A0、A1、A2、A3、A4 和 A5。为了最简单地理解这一点,我们将使用电位器和 Arduino UNO 板创建一个电路,如图 1-2-7 所示,在这个电

路中,我们将使用电位器向 Arduino UNO 提供模拟电压。

Arduino 程序如下:

```
void setup() {
    Serial.begin(9600);    //与计算机通信的波特率
}
void loop() {
    int sensorValue = analogRead(A0); //定义变量 sensorValue 为 int 整型
        //从 A0 端口读入模拟量,并进行 ADC 转换,结果赋值给 sensorValue
    float voltage = sensorValue * (5.0 / 1023.0);
        //定义浮点类型变量 voltage
        //电压值折算,把数据 1023 对应折算成 5.0V,那么 511 为 2.5V,以此类推
    Serial.println(voltage);    //电压值通过串口(USB 线)传至计算机显示,换行
}
```

程序向 Arduino 开发板下载后,在图 1-2-6 中打开串口监视器,转动电位器,串口监视器将收到 Arduino 送来的电压数值,如图 1-2-8 所示。

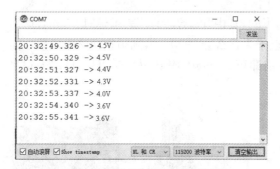

图 1-2-8 计算机串口监视的数据

图 1-2-9 OLED12864 显示屏

3. Arduino I^{2}C OLED12864 屏显示

OLED 屏因其小巧轻薄耗电低等特点,常应用于嵌入式电子设备中。OLED 屏种类不同,显示的颜色也不同,常有白色显示、蓝色显示和黄蓝双色显示。屏幕的尺寸和内置驱动芯片也多种多样,常用的驱动接口有 SPI 和 I^{2}C 两种。本节仅介绍 I^{2}C 驱动屏,其内置驱动芯片为 SSD1306,如图 1-2-9 所示,与 Arduino 开发板连接如图 1-2-10 所示。"12864"是指水平显示像素 128 点,垂直显示像素 64 点。

该 OLED 屏只有四只引脚,使用接线较少,V_{CC} 接 5 V,通信方式为 I^{2}C,SDA 和 SCL 分别为数据和时钟线,对应接 Arduino 开发板的专用 SDA 和 SCL 脚,即 A4 和 A5 脚,不能接其他引脚。

使用该屏幕时,Arduino IDE 须加载库文件,方法如图 1-2-11 所示,菜单→加载库→管理库。出现图 1-2-12 所示查找库文件。输入"GFX"查找 Adafruit_GFX 库文件,点击安装即可,同理输入"SSD1306",安装 Adafruit_SSD1306 的库文件。如图 1-2-13 所示的操作安装。安装完成后,可按图 1-2-14 和图 1-2-15 所示打开示例,一些程序可以直接在示例上修改。

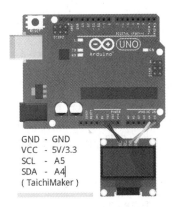

GND - GND
VCC - 5V/3.3
SCL - A5
SDA - A4
(TaichiMaker)

图 1 - 2 - 10　显示屏连接

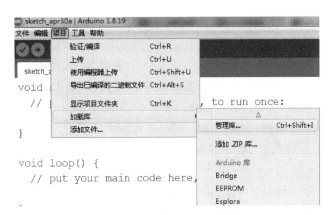

图 1 - 2 - 11　加载库文件

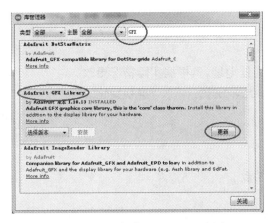

图 1 - 2 - 12　加载 Adafruit_GFX 库

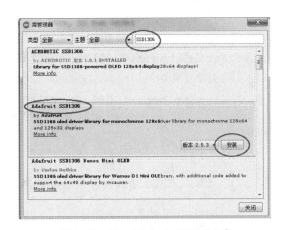

图 1 - 2 - 13　Adafruit_SSD1306 库

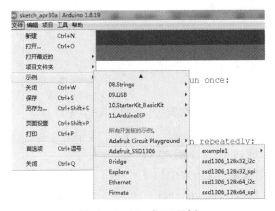

图 1 - 2 - 14　打开示例

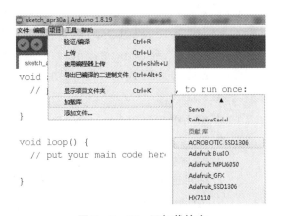

图 1 - 2 - 15　已加载的库

Arduino 程序如下：

```
# include < Wire.h>
# include < Adafruit_GFX.h>
# include < Adafruit_SSD1306.h>    //OLED 屏头文件
```

```
# define OLED_RESET 4
Adafruit_SSD1306 display(OLED_RESET);
int num= 1234;          //num 为整型,值为 1234
 /* - - - - - 显示文字一,把代码放入数组中- - - * /
static const uint8_t PROGMEM WEN_16x16[] = {0x00,0x00,0x23,0xF8,0x12,
  0x08,0x12,0x08,0x83,0xF8,0x42,0x08,0x42,0x08,0x13,0xF8,0x10,0x00,
  0x27,0xFC,0xE4,0xA4,0x24,0xA4,0x24,0xA4,0x24,0xA4,0x2F,0xFE,0x00,
  0x00,}; /* 汉字"温"的代码
static const uint8_t PROGMEM KE_16x16[] = {0x08,0x10,0x1D,0x10,0xF0,
  0x90,0x10,0x90,0x10,0x10,0xFD,0x10,0x10,0x90,0x38,0x90,0x34,0x10,
  0x50,0x1E,0x53,0xF0,0x90,0x10,0x10,0x10,0x10,0x10,0x10,0x10,0x10,
  0x10,}; /* 汉字"科"的代码
void setup() { //初始化
  Serial.begin(9600); //波特率
  delay(500);     // 0x3C 为 I2C 协议通信地址,需根据实际情况更改
  display.begin(SSD1306_SWITCHCAPVCC, 0x3C); }//屏初始化
void loop() //主程序
{
  while(1)
  { test_SSD1306(); }    //调用显示函数
}
void test_SSD1306(void)   //显示函数
{ /* - - - - - - - - - - - - - - - - - - - - - - - 显示英文数字-
- - - - - - - - - - - - - - - - - - * /
  display.clearDisplay();   // 清屏
  display.setTextSize(1); //选择字号
  display.setTextColor(WHITE);  //字体颜色
  display.setCursor(16,0);   //起点坐标
  display.println("Hello, Arduino!"); //显示字符"Hello, Arduino!
  display.setTextSize(2);
  display.drawBitmap(16,16,WEN_16x16,16,16,WHITE);
  //括号里面依次是起点坐标(16,16),汉字代码,显示大小(16 * 16),颜色
  display.drawBitmap(32,16,KE_16x16,16,16,WHITE);
  display.setCursor(16,40);   //起点坐标
  display.print(num);  //显示数值
  display.display();
  delay(500);
  }
```

上面程序的运行结果显示三行内容,如图 1-2-16 所示。屏的坐标是从左上角为起点

坐标(0,0)，往右最多 128 个像素点，往下最多 64 个像素点。"display.setCursor(16,40);"是指从左往右第 16 像素点，从上至下第 40 像素点开始显示。一个汉字通常要占用 16 * 16 个像素才能显示清楚，字符则最小 5 * 7 像素也能显示清楚。

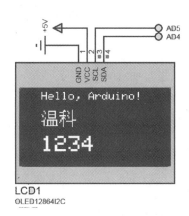

图 1 - 2 - 16 显示字符和汉字

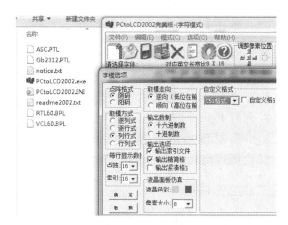

图 1 - 2 - 17 取模软件

显示汉字时，必须先用取模软件把字的点阵码取出，如图 1 - 2 - 17 所示，打开软件 PCtoLCD2002，点击"选项"进行设置，注意自定义格式选择"C51 格式"，具体操作可上网查询。回到取模界面，在下面"生成字模"输入文字或数字。点击"生成字模"即可生成字模代码，如图 1 - 2 - 18 所示。在下面的代码拷入程序中即可，注意数据拷入后，要核对一下格式和标点，以符合 Arduino 程序格式。

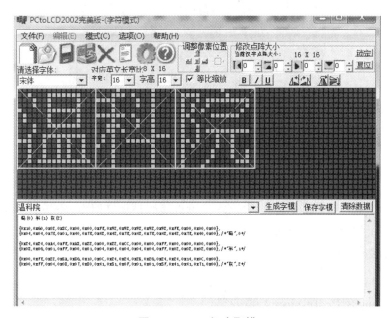

图 1 - 2 - 18 汉字取模

1.3　Proteus 仿真软件使用

一、教学目标

终极目标：会简单使用 Proteus 软件仿真，理解操作过程。

促成目标：

1. 掌握 Proteus 仿真软件的安装。

2. 理解 Proteus 基本仿真操作方法。

3. 会应用 Proteus 仿真 Arduino 单片机。

4. 会调式仿真电路。

二、工作任务

工作任务：利用 Proteus 仿真基本电路和 Arduino 单片机，并能显示结果。

Proteus 是 Lab Center Electronics 公司推出的一个 EDA 工具软件。Proteus 具有原理布图、PCB 自动或人工布线、SPICE 电路仿真、互动电路仿真、仿真处理器及其外围电路等特点功能，特别是对仿真数字电路和单片机具有独到的便利。本节内容只介绍仿真基本电路和 Arduino 单片机的方法。目前比较新的版本是 Proteus 8.13 Professional，安装完成后打开初始界面如图 1-3-1 所示。

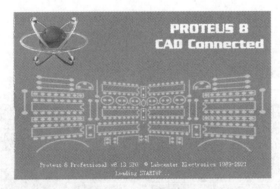

图 1-3-1　启动界面

Proteus 8 Professional 安装前的准备：计算机最好是超级用户 administrator 登陆，如果计算机开机是计算机管理员或普通用户登陆，安装后可能缺失部分功能，运行时则须以管理员身份打开才会有完整功能。实际上，超级用户 administrator 登陆也是许多软件安装时的基本要求。

三、Proteus 8 Professional 的安装

Proteus 8 Professional 的安装比较简单，选择安装路径后，一路点击"Next"即可，如图 1-3-2所示，安装完成后是英文版，如图 1-3-3 所示。

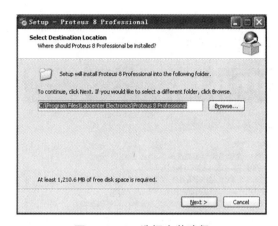 

图 1 - 3 - 2　选择安装路径　　　　　　图 1 - 3 - 3　英文版安装完成

　　汉化方法：打开安装原文件夹下的汉化包，里面有一个"Translations"的文件夹，把该文件夹拷贝到安装程序文件夹下的同名"Translations"文件夹，覆盖掉即可，如图 1 - 3 - 4 所示，至此安装完毕。

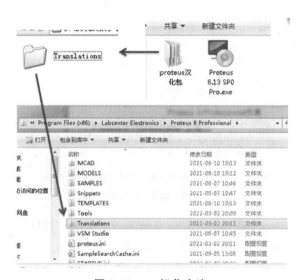

图 1 - 3 - 4　汉化方法

四、Proteus 8 Professional 的使用

1. 普通电路的仿真方法

（1）建立工程

打开桌面上的"Proteus 8 Professional"图标，启动基本界面，如图 1 - 3 - 5 所示。

"打开工程"是指打开以前的仿真图，不过其下方也有"最近打开的工程"目录，点击即可进行以前的仿真图。"打开示例工程"是软件自带的例子仿真，以供参考。

在"新建工程"之前，应该在硬盘中新建文件夹，命名为电路名称。例如"闪烁灯"文件夹。初学者即要养成良好的学习习惯，不能把文件夹随便命名为"新文件夹""111"或"AAA"等。

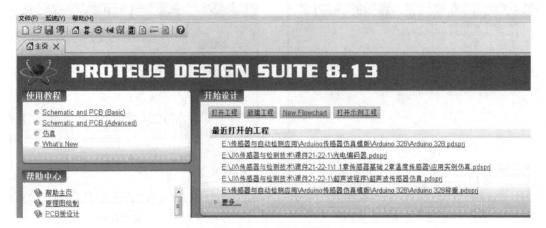

图 1 - 3 - 5　运行界面

点击"新建工程"按钮,在新建工程向导中,先"浏览"确定到刚才建立的闪烁灯文件夹,然后在"名称"中填入电路名称,再点击"Next",如图 1 - 3 - 6 所示。

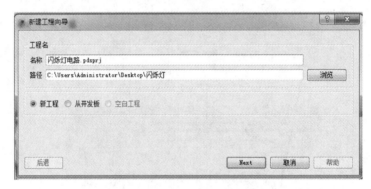

图 1 - 3 - 6　确定路径和电路名称

再点击两次"Next"后,出现如图 1 - 3 - 7 所示,"没有固体项目",即普通模拟数字电路,没有单片机,"创建固体电路",则是有单片机的电路,里面有许多单片机型号可选择,这里选择"没有固体项目",再点击"Next",最后点击"Finish"完成。

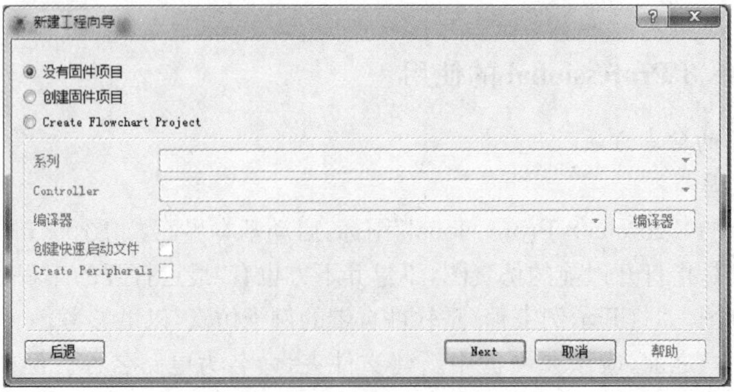

图 1 - 3 - 7　选择电路类型

（2）查找元件

工程界面如图 1-3-8 所示，所有元件都在库里。点击"库"，出现如图 1-3-9 所示查找元件界面。其中，电阻图标是"Resistors"，选择 0.6W 小电阻，然后选一个对应阻值电阻，实际上右边电阻随便选择一个，点击"确定"，如阻值不对双击修改即可。电容器是"Capacitors"，在子项"Animated"里有一个是有充放电演示效果的电容器，适合演示用，而子项"Generric"再右边是几个通用的无极性电容和电解电容，一般仿真选这两个即可，如图 1-3-10 所示，至于其他子项里的许多电容器，大多是适合用于做电路 PCB 板用的。

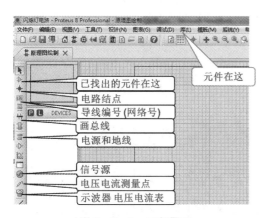

图 1-3-8 工程界面

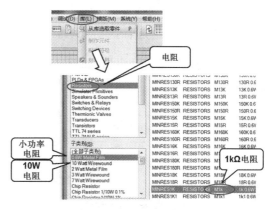

图 1-3-9 查找电阻

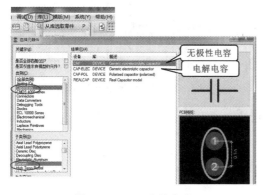

图 1-3-10 查找电容

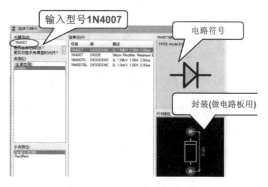

图 1-3-11 查找二极管

二极管的图标是"Diodes"，如果已经知道二极管的型号，可以直接输入二极管型号，即可自动跳出。实际上，也可以上网至搜索引擎上查问，例如要查找直流电机的仿真元件，可在百度里输入"Proteus 8 Professional 直流电机"，会弹出许多网友的查询方法，以后许多传感器仿真也类似地到网上查问。

元件如果位置或角度不对，可点元件右键移动和转动，如图 1-3-12 所示。如果有相同的元件，可以复制，没必要一个一个地查找，如图 1-3-13 所示。另外，一个电路图仿真完成了，再仿真另一个新的电路，也无须新建，只需在现有仿真电路复制一份修改即可，这样就可不用重新查找常用元件了。

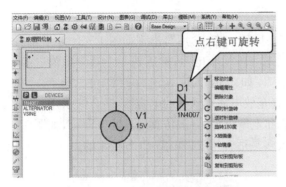

图 1-3-12　元件的移动和转动

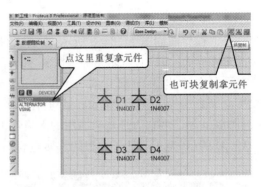

图 1-3-13　元件的重复取出

电源、地线和端口的添加,如图 1-3-14 所示,左边"终端模式"。"POWER"是电源端,数值不写,则默认+5 V,双击写入"+12 V"或"−5 V",则以写入值为准,要注意写法规范。

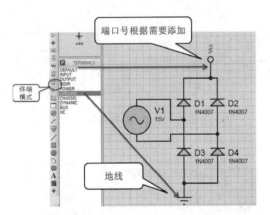

图 1-3-14　电源、地线和端口添加

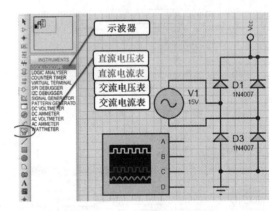

图 1-3-15　测量仪表的添加

在最左边"仪表模式"里有许多的虚拟仪表,如示波器、电压表、电流表等,如图 1-3-15 所示。

（3）闪烁灯实例

如图 1-3-16 所示,发光二极管在元件库里直接输入"LED",会跳出这么多类型的

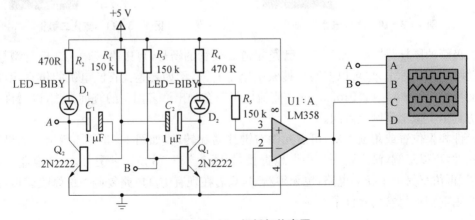

图 1-3-16　闪烁灯仿真图

LED,其中"LED-BIBY"是比较亮的一种,三极管也同样方法,输入"2N2222",运算放大器输入"LM358",会跳出三个 LM358,其中有一个在其右上角出现"No Simulator Model"字样的是表示没有仿真模型,这种元件是不能选择的,但可用于画图和做 PCB 板。"+5 V"和"A、B"端口在"终端模式"里,示波器有四个通道,其 A 通道的端口与 Q2 上端的端口 A 端口同名,表示是连接在一起的。示波器 C 通道也可直接画线至 LM358 的输出端,画线时,鼠标出现"画笔"样时即可画线。

全部图画好后,点击电路图界面左下角的"播放"图标即可。波形如图 1-3-17 所示。

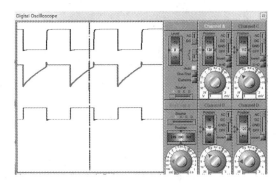

图 1-3-17　示波器测波形

图 1-3-18　动画配置

在菜单上的"系统—设置动画选项"下,如图 1-3-18 所示为动画选项,如果勾选"用颜色显示连线电压",则仿真时颜色越红表示电压相对越高。如果勾选"用箭头显示电流方向",则仿真时会显示电流的流向,会比较方便,但显示变化较快的电流则会比较乱,用处就不大了,不用勾选。有些电路,如果仿真计算过于精细,也会出错,可点击"SPICE 选项",进入如图 1-3-19 所示的"交互仿真选项",左下角的默认选项改为中间选项,再点击"加载"即可,仿真计算会变得"粗糙"些,但不容易出错。

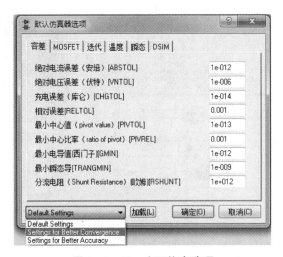

图 1-3-19　交互仿真选项

2. Arduino 单片机的仿真方法

Proteus 8 Professional 可以仿真 C51、STC、STM32、AVR、PIC 和 Arduino 等许多单片

机,非常方便,本书只介绍 Arduino 单片机仿真。

同样的先新建文件夹,点击"新建工程"后,出现如图 1-3-20 所示,要点击"从开发板",左边窗口出现许多单片机开发板型号,选择"Arduino 328",选其他 Arduino 开发板也可以,一些常见的基本功能是相差不大的,点击"Finish"并一路点击"Next",出现画好的基本 Arduino 开发板图,如图 1-3-21 所示。

图 1-3-20　新建 Arduino 工程

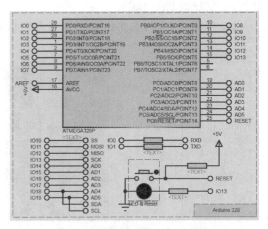

图 1-3-21　基本 Arduino 开发板图

注意虚框内的 Arduino 开发板图一般不要随意移动或删除,连接电路时要使用同名端口,所图 1-3-22 所示。右上边的 OLED 屏,在元件库里输入"OLED12864"可找到,电位器是"POT-HG",电位器输出端"AD0"探针测电压,到界面最左边"探针模式"处拿出。

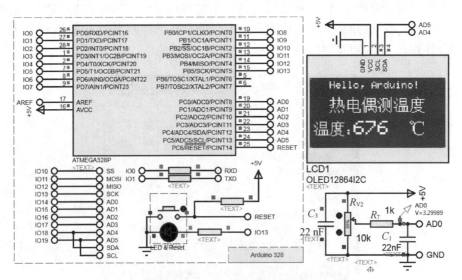

图 1-3-22　Arduino 模拟测温度

Arduino 开发板须载入程序才能使用,图 1-3-22 所示的 Arduino 开发板已载入程序,可以模拟测温度。图 1-3-22 所示是暂时用电位器输出可调的电压模拟温度。

加载程序,实际上是载入编译好的二进制码,双击图 1-3-22 所示的 ATMEGA 328A 的 Arduino 单片机,在"Program File"里,找到编译码,再确定,最后点击左下角的"播放"按钮运行仿真。编译码是须事先用 Arduino 的 IDE 写好程序再编译,即在上一节图 1-2-11 中点"导出已编译的二进制文件",文件扩展名是 ∗.hex,但计算机显示文件时必须要去掉隐藏文件扩展名的选项。

在图 1-3-9 中的电阻"Resistors"图标下方的"Transducers"为传感器大类,其右边有许多各类的传感器,如图 1-3-23 所示。

Showing local results: 51

Device	Library	Description	
ALS-PT19	TRXD	Miniature Surface-Mount Ambient Light Sensor	环境亮度传感器
APDS-9002	TRXD	Miniature Surface-Mount Ambient Light Photo Sensor	
BME280	TRXD	Combined Humidity and pressure sensor	湿度和压力传感器
BMP180	TRXD	Digital Pressure Sensor.	数字式压力传感器
BMP280	TRXD	Digital Pressure Sensor.	
DHT11	TRXD	Humidity & Temperature Sensor.	温湿度传感器
DHT22	TRXD	Humidity & Temperature Sensor.	
GP2D12	TRXD	General Purpose Type Distance Measuring Sensors	红外测距传感器
GP2D120	TRXD	General Purpose Type Distance Measuring Sensors	
GP2Y0A02YK	TRXD	General Purpose Type Distance Measuring Sensors	
GP2Y0A21YK0F	TRXD	General Purpose Type Distance Measuring Sensors	
GP2Y0A700K0F	TRXD	General Purpose Type Distance Measuring Sensors	
GUR03	TRXD	Grove Ultrasonic Ranger.	超声波传感器
HCH-1000	TRXD	HCH-1000 Series Capacitive Humidity Sensors.	电容式湿度传感器
HCSR04	TRXD	Ultra-Sonic Ranger Module.	超声波传感器
HIH-5030	TRXD	Low Voltage Humidity Sensors.	低电压湿度传感器
HTU21D	TRXD	Digital Relative Humdity sensor with Temperature output.	
HYT-271	TRXD	Hygrochip Digital Humidity Sensor.	
KTY81	TRXD	Generic model for Semiconductor PTC thermistor, KTY81 series.	热敏电阻
LDR	TRXD	Light Dependent Resistor (LDR) generic model.	光敏电阻
LOADCELL	TRXD	General Purpose Load Cell Sensors	称重传感器
MPL3115A2	TRXD	I2C precision pressure sensor with altimetry.	
MPX4115	TRXD	Integrate Silicon Pressure Transducer for Absolute Pressure	压力传感器
MPX4250	TRXD	Integrate Silicon Pressure Transducer 250kPa full scale	
NTC	TRXD	Generic Model for Negative Temperature Coefficient Resistor.	热敏电阻NTC
OHMMETER	TRXD	Four wires, Ohm-meter for precision RTD measures	欧姆表
OVEN	TRXD	Heated Oven (lumped model)	电热管
PPD42	TRXD	Dust / particle sensor with active low PWM output	灰尘传感器
PTC_NICKEL	TRXD	Generic model for PTC Nickel posistive temperature	热敏电阻PTC
RTD-PT100	TRXD	RTD Platinum 100 Ohms - Following IEC (BS) EN 60751	
RTD-PT1000	TRXD	RTD Platinum 1000 Ohms - Following IEC (BS) EN 60751	铂热电阻
SHT10	TRXD	Humidity & Temperature Sensor - 2 wires serial interface.	温湿度传感器
SHT11	TRXD	Humidity & Temperature Sensor - 2 wires serial interface.	
SHT15	TRXD	Humidity & Temperature Sensor - 2 wires serial interface.	
SHT21	TRXD	Humidity & Temperature Sensor - I2C.	
SHT25	TRXD	Humidity & Temperature Sensor - I2C.	
SHT71	TRXD	Humidity & Temperature Sensor - 2 wires serial interface.	
SHT75	TRXD	Humidity & Temperature Sensor - 2 wires serial interface.	
SI7021	TRXD	I2C Humidity and Temperature Sensor.	I2C通信方式温湿度传感器
SRF04	TRXD	Ultra-Sonic Ranger.	
TCB	TRXD	Thermocouple, Type B (Pt30Rh/Pt6Rh), range 0 ..1330摄,	
TCE	TRXD	Thermocouple, Type E (NiCr/CuNi), range -270 .. 100摄,	
TCJ	TRXD	Thermocouple, Type J (Fe/Cu/Ni), -210 .. 1200摄, color	
TCK	TRXD	Thermocouple, Type K (NiChr/Ni), range -270 .. 1330摄,	K型热电偶
TCN	TRXD	Thermocouple, Type N (NiCrSi/NiSi), range -270 ..1300摄,	
TCR	TRXD	Thermocouple, Type R (Pt13Rh/Pt), range -50 .. 1330摄,	
TCS	TRXD	Thermocouple, Type S (Pt13Rh/Pt), range -50 .. 1330摄,	
TCT	TRXD	Thermocouple, Type T (Cu/CuNi), range -270 .. 400摄,	
TH02	TRXD	Digital I2C Humidity and Temperature Sensor.	
VUMETER	ACTIVE	Interactive VU Meter based on PC Audio Input	

图 1-3-23 常用传感器

习题

1.1 利用 NPN 常开型光电接近开关、24 V 直流继电器和 24 V 指示灯,设计一个接近灯光控制电路,并进行组装实验。

1.2 Arduino UNO 开发板外接两个 LED 灯,LED 需串联几百欧姆的电阻,编写程序使两 LED 灯交替闪烁并仿真,闪烁周期 0.5 秒。

1.3 Arduino 开发板和 OLED12864 屏,编写程序和仿真,显示自己的学号和名字。

第 2 章

接近开关传感器应用与设计

接近开关传感器又称无触点接近传感器,是利用位移传感器对接近物体的敏感特性来达到控制开关接通或断开的传感器装置,接近开关传感器是一种理想的电子开关传感器。当有物体移向接近开关,并接近到一定距离时,位移传感器才有"感知",开关才会动作。通常把这个距离叫"检出距离",不同的接近开关检出距离也不同。被检测体接近传感器的感应区域,开关就能无接触、无压力、无火花地迅速发出电气指令,准确反映出运动机构的位置和行程。其定位精度、操作频率、使用寿命、安装调整的方便性和对恶劣环境的适应能力,是一般机械式行程开关所不能相比的。它广泛地应用于机床、冶金、化工、轻纺和印刷等行业。在自动控制系统中可作为限位、计数、定位控制和自动保护环节等使用。当作为限位保护时,则必须认真合理地设计,不可靠的设计可能会使部件冲出范围,甚至会酿成生产安全事故。

2.1 认识接近开关传感器

一、教学目标

终极目标:掌握接近开关的类型、应用、选型与使用注意事项。

促成目标:

1. 了解各类接近开关传感器的作用。

2. 掌握各类接近开关传感器的基本知识。

3. 能正确识别常用接近开关传感器。

4. 熟悉各类接近开关传感器的外部接线、安装及应用情况。

二、工作任务

工作任务:分析常用接近开关传感器类型、特点、接线方式与选用原则,并掌握其典型应用。

1. 接近开关传感器的类型

接近开关传感器种类较多,按供电形式的不同分为直流型和交流型两大类;按使用的方法不同分为接触式和非接触式两大类;按输出形式可分为直流两线制、直流三线制、直流四线制、交流两线制和交流三线制;按传感器的工作原理又可分为电感式接近开关、电容式接近开关和光电式接近开关等,见表 2 - 1 - 1。

表 2－1－1　按工作原理分类的各种接近开关传感器

类型	外形图	特点
电感式接近开关		  利用电涡流原理制成的非接触式开关元件，被测物体必须是导电性能良好的金属物体，有效检测距离非常近。
电容式接近开关		  利用变介电常数电容传感器原理制成的非接触式开关元件，被测物体不限于导体，可以是绝缘的液体或粉状物等，有效检测距离较电感式远。
光电式接近开关		  利用被测物体对光束的遮挡或反射，加上内部选通电路，来检测无粉尘物体的有无，测试对象广泛，测量距离长，分辨能力高，不受磁场和振动的影响，但被测物需对光反射能力好，且对环境要求严格。

2. 接近开关传感器的接线方式

接近开关传感器输出多由 NPN、PNP 型晶体管输出，输出状态有常开(NO)和常闭(NC)两种形式。外部接线常见的是二线制、三线制、四线制和五线制，连接导线多采用 PVC 外皮、PVC 芯线，芯线颜色多为棕色(brown)、黑色(black)、蓝色(blue)、黄色(yellow)。不同的产品芯线颜色可能不同，使用时应仔细查看说明书。表 2－1－2 为接近开关的主要接线方式。

表 2－1－2　接近开关传感器的主要接线方式

线制	NPN 输出	PNP 输出
交流二线制	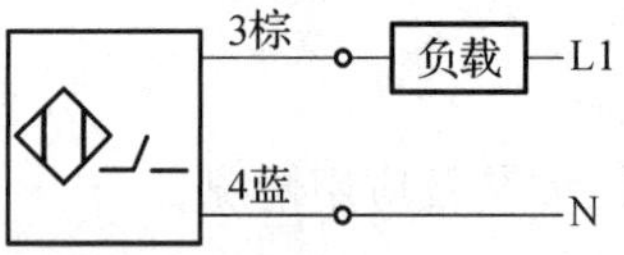 常开	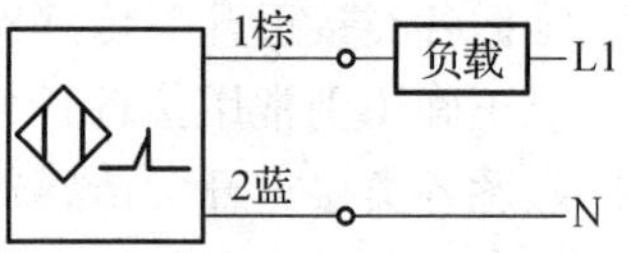 常闭
直流二线制	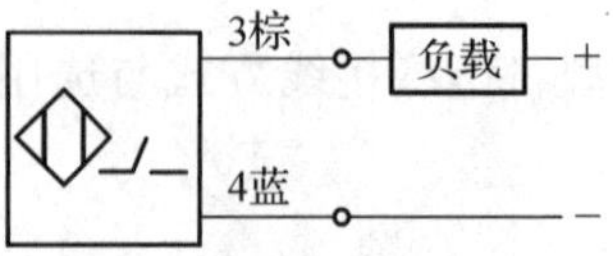 常开	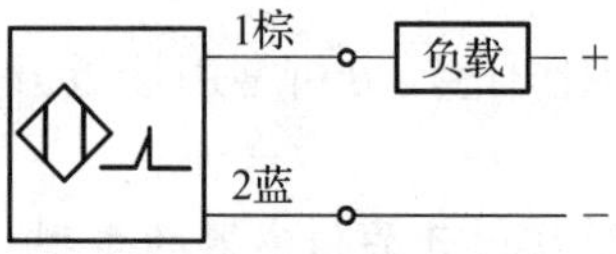 常闭
直流三线制	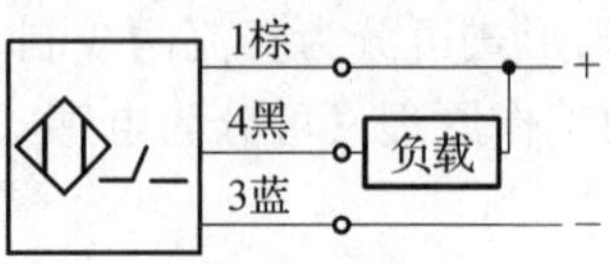 常开	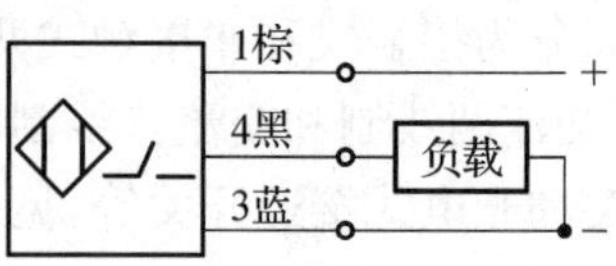 常开

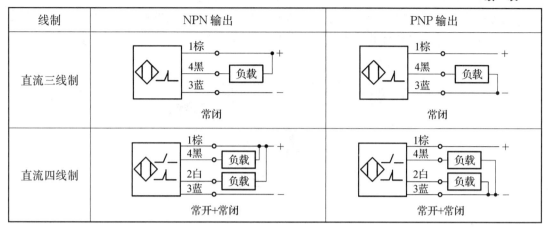

线制	NPN 输出	PNP 输出
直流三线制	常闭	常闭
直流四线制	常开+常闭	常开+常闭

3. 接近开关传感器的选型

对于不同材质的检测体和不同的检测距离,应选用不同类型的接近开关,以使其在系统中具有高的性价比,为此在选型中应遵循以下原则:

(1) 当检测体为金属材料时,应选用高频振荡型电感式接近开关,该类型接近开关对铁、银、钢类检测体最灵敏;对铝、黄铜和不锈钢类检测体,其检测灵敏度就低。

(2) 当检测体为非金属材料时,如木材、纸张、塑料、玻璃和水等,应选用电容型接近开关。

(3) 金属体和非金属要进行远距离检测与控制时,应选用光电型接近开关或超声波型接近开关。

(4) 对于检测体为金属时,若检测灵敏度要求不高时,可选用价格低廉的磁性接近开关或霍尔式接近开关。

4. 接近开关传感器使用注意事项

(1) 请勿将电感接近开关传感器置于 0.02 T 以上的磁场环境下使用,以免造成误动作。

(2) 为了保证不损坏接近开关传感器,请在接通电源前检查接线是否正确,核定电压是否为额定值。

(3) 为了使接近开关传感器能长期稳定工作,请务必进行定期的维护,包括被检测物体和接近开关的安装位置是否有移动或松动,接线和连接部位是否接触不良,是否有金属粉尘黏附等。

(4) 直流二线制接近开关具有 0.5～1 mA 的静态泄漏电流,在一些对泄漏电流要求较高的场合下,可改用直流三线制接近开关。

(5) 直流型接近开关使用电感性负载时,请务必在负载两端并接续流二极管,以免损坏接近开关的输出级。

5. 接近开关传感器的应用

接近开关传感器广泛地应用于机床、冶金、化工、轻纺和印刷等行业,在自动控制系统中可作为限位、计数、定位控制和自动保护环节等。以下给出接近开关传感器的应用实例。

(1) 生产线工件计数

图 2-1-1 所示为生产线工件计数装置的示意图。产品在传送带上运行时,不断地遮

挡光源到光敏器件间的光路,使光电脉冲电路随着产品的有无产生一个个电脉冲信号。产品每遮光一次,光电脉冲电路便产生一个脉冲信号。因此,输出的脉冲数即代表产品的数目。该脉冲数经计数电路计数并由显示电路显示出来。

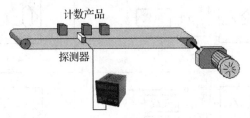

图 2-1-1　生产线工件计数装置

（2）计量控制

如图 2-1-2 所示为两个电容式接近开关传感器对啤酒发酵桶的液体下限进行检测,玻璃管与啤酒桶联通。因此,玻璃管液位即为桶内啤酒液位。当下限检测开关动作时,泵开始启动,向桶内注入啤酒;当上限检测接近开关动作时,泵停止向桶内注入啤酒。

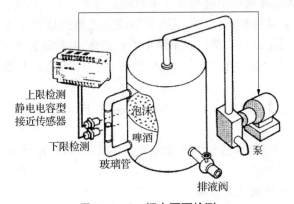

图 2-1-2　桶内页面检测

（3）位置检测

在工业自动化自动生产线上,也可以使用接近开关传感器进行工作机械的设定位置检测,如图 2-1-3 所示。当传送机构将加工的工件运送到靠近传感器位置时,传感器根据规定的检出距离发出控制信号,使传送机构停止运行,或者控制机加工设备的工作台运行位置。

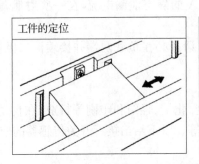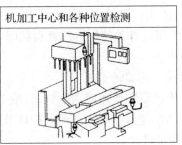

图 2-1-3　生产线工件加工定位

（4）异常检测

检测瓶盖有无,产品合格与不合格判断,检测包装盒内的金属制品缺乏与否,区分金属与非金属零件,产品有无标牌检测。

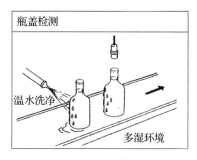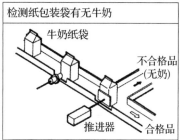

图 2‐1‐4　生产线异常检测

三、拓展知识

直流三线制接近开关的输出型有 NPN 和 PNP 两种,PNP 输出接近开关一般应用在 PLC 或计算机输出控制指令的场合较多,NPN 输出接近开关用于控制直流继电器较多,在实际应用中要根据控制电路的特性选择其输出形式。NPN 和 PNP 型传感器主要分为六类:NPN‐NO(常开型)、NPN‐NC(常闭型)、NPN‐NO＋NC(常开＋常闭混合型)、PNP‐NO(常开型)、PNP‐NC(常闭型)、PNP‐NO＋NC(常开＋常闭混合型)。

NPN 与 PNP 型传感器一般有 3 条引出线,即电源线、接地线和信号输出线。

1. NPN 类

NPN 是指当有信号触发时,信号输出线和地线连接,相当于输出低电平。

NPN‐NO 型,在没有信号触发时,信号输出线是悬空的,就是地线和信号输出线断开;有信号触发时,信号输出线与地线具有相同的电压,也就是地线和信号输出线连接,输出低电平。

NPN‐NC 型,在没有信号触发时,信号输出线输出与地线相同的电压,也就是地线和信号输出线连接,输出低电压;当有信号触发时,信号输出线是悬空的,就是地线和信号输出线断开。

2. PNP 类

PNP 是指当有信号触发时,信号输出线和电源线连接,相当于输出高电平的电源线。

PNP‐NO 型,在没有信号触发时,信号输出线是悬空的,就是电源线和信号输出线断开;有信号触发时,信号输出线输出与电源线相同的电压,也就是电源线和信号输出线连接,输出高电平。

PNP‐NC 型,在没有信号触发时,信号输出线输出与电源相同的电压,也就是电源线和信号输出线连接,输出高电平;当有信号触发时,信号输出线是悬空的,也就是电源线和信号输出线断开。

NPN‐NO＋NC 型和 PNP‐NO＋NC 型类似,多出一个输出线,根据需要取舍。

3. 接近开关的型号含义

□　J8　M‐D　1　NK　□　□
①　②　③　④　⑤　⑥　⑦　⑧

表 2-1-3　接近开关的型号含义

序号	分类	标记	含义
①	开关种类	无标记/Z	电感式/电感式自诊断
		C/CZ	电容式/电容式自诊断
		N	NAMUR 安全开关
		X	模拟式
		F	霍尔式
		V	舌簧式
②	外形代号	J	螺纹圆柱形
		B	圆柱形
		Q	角柱形
		L	方形
		P	扁平型
		E	矮圆柱形
		U	槽形
		G	组合形
		T	特殊形
③	安装方式	无标记	非埋入式(非齐平安装式)
		M	埋入式
④	电源电压	A	交流 $20\sim250$ V
		D	直流 $10\sim30$ V(模拟量:$15\sim30$ V)
		DB	直流 $10\sim65$ V
		W	交直流 $20\sim250$ V
		X	特殊电压
⑤	检测距离	$0.8\sim120$ mm	以开关的感应距离为准
⑥	输出状态 注①注② 参见接线图	K	二线常开
		H	二线常闭
		C	二线开闭可选
		SK	交流三线常开
		SH	交流三线常闭
		ST	交流三线开+闭
		NK	三线 NPN 常开
		NH	三线 NPN 常闭
		NC	三线 NPN 开闭可选

序号	分类	标记	含义
		PK	三线 PNP 常开
		PH	三线 PNP 常闭
		PC	三线 PNP 开闭可选
		Z	三线 NPN，PNP 开闭全能转换
		GT 注①	交流四线开＋闭
		HT 注②	交流四线开＋闭
		NT	四线 NPN 开＋闭
		PT	四线 PNP 开＋闭
		J	五线继电器输出
		X	特殊形式
⑦	连接方式	无标记	1.5 m 引线
		A2	2 m 引线（A3 为 3 m）以此类推
		B	内接线端子
		C2	CX16 二芯航插（C5 为五芯）类推
		F	塑料螺纹四芯插
		G	金属螺纹四芯插
		Q	塑料四芯插
		S2	CS12 二芯航插（C5 为五芯）类推
		L	M8 三芯插
		R	S3 多功能插
		E	特殊接插件
⑧	感应面方向	无标记	对端
		Y	左端
		W	右端
		S	上端
		M	分离式

2.2　电感式接近开关应用与设计

微信扫码见本节
仿真电路图与程序代码

一、教学目标

终极目标：会使用电感式接近开关，理解电感式接近开关的工作原理。

促成目标：

1. 掌握电感式接近开关在各种场合中的常见应用。

2. 了解什么是电涡流效应，进而掌握电感式接近开关的工作原理。

3. 熟悉电感式接近开关的技术参数。

4. 能够安装调试典型的电感接近开关应用电路。

二、工作任务

工作任务：分析电感式接近开关的组成、原理及各部分的关系，并掌握其应用。

在实际的制造工业流水线上，电感式接近开关有着较为广泛的应用。它不与被测物体接触，依靠电磁场变化检测，大大提高了检测的可靠性，也保证了电感式接近开关的使用寿命，因此在机床、冶金、电力、化工、印刷、航空等自动控制系统和自动保护环节中使用较为广泛，常见的电感式接近开关产品如图 2-2-1(a)、(b)所示。

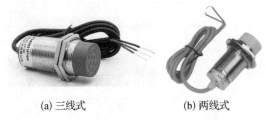

(a) 三线式　　　　　　(b) 两线式

图 2-2-1　电感式接近开关实物图

三线式电感接近开关各引脚的定义如图 2-2-2(a)所示，棕色引线接电源正极，蓝色引线接电源负极，黑色引线为输出信号线。图 2-2-2(b)所示为 NPN 三线式电感接近开关的测试电路，当有金属物体靠近电感式接近开关时，指示灯点亮，当金属物体离开电感式接近开关时，指示灯熄灭。

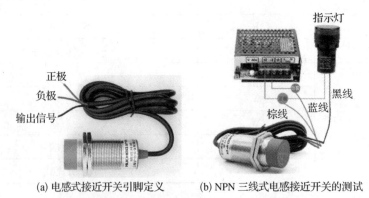

(a) 电感式接近开关引脚定义　　　(b) NPN 三线式电感接近开关的测试

图 2-2-2　电感式接近开关引脚与接线测试

三、实践知识

1. 电感式接近开关的安装

电感式接近开关的安装方式分齐平式和非齐平式。齐平式（又称埋入型）的接近开关表面可与被安装的金属物件形成同一表面，不易被碰坏，但灵敏度较低；非齐平式（非埋入安装型)的接近开关则需要把感应头露出一定高度,否则将降低灵敏度。电感式接近开关的安装方式如图 2-2-3 所示。

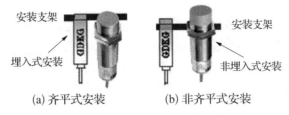

(a) 齐平式安装　　　　(b) 非齐平式安装

图 2-2-3　电感式接近开关的安装方式

2. 电感式接近开关的接线

电感式接近开关常见的输出形式有 NPN 二线、NPN 三线、NPN 四线、PNP 二线、PNP 三线、PNP 四线、DC 二线、AC 二线、AC 五线(带继电器)等几种,使用者可查阅相关资料。下面以 NPN 三线和 PNP 三线电感式接近开关为例来说明其接线方法。

NPN 型和 PNP 型电感接近开关的简单测试如图 2-2-4 和图 2-2-5 所示,棕色线为正极,蓝色线为 0 V,黑色线为信号输出。当被测金属物体靠近时 NPN 电感式接近开关的指示灯亮,NPN 型的黑色线内部与蓝色线导通,黑色线为吸入电流,LED 发光,磁铁远离时,LED 熄灭。而当被测金属物体靠近时 PNP 电感式接近开关的指示灯亮,PNP 型的黑色线内部与棕色线导通,黑色线为输出电流,LED 发光,同样磁铁远离时,LED 熄灭。因此 NPN 传感器负载要接正极,PNP 传感器负载则接 0 V。

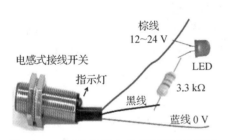

图 2-2-4　NPN 型电感式接近开关测试

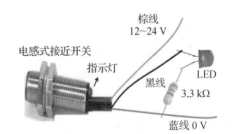

图 2-2-5　PNP 型电感式接近开关测试

NPN 常开型电感式接近开关继电器测试电路原理图及实物连接图如图 2-2-6 所示,当被测金属物体靠近电感式接近开关时,接近开关常开闭合,信号输出端与电源负极接通,继电器线圈通电吸合。

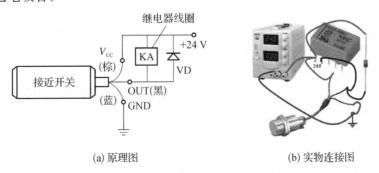

(a) 原理图　　　　　(b) 实物连接图

图 2-2-6　NPN 型电感式接近开关继电器测试

四、理论知识

1. 电涡流效应

根据法拉第电磁感应定律,块状金属导体置于变化的磁场中或在磁场中作切割磁力线运动时,导体内将产生呈漩涡状流动的感应电流,称之为电涡流,这种现象称为电涡流效应。涡流的大小与金属体的电阻率 ρ、磁导率 μ、金属板的厚度以及产生交变磁场的线圈与金属导体的距离 x、线圈的励磁电流频率 f 等参数有关。若固定其中若干参数,就能按涡流大小测量出另外的参数。

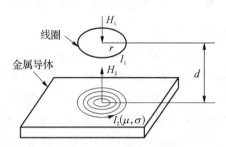

图 2-2-7 电涡流效应原理图

2. 电感式接近开关的工作原理

电感式接近开关是基于电涡流效应而工作的,属于一种有开关量输出的位置传感器。它由 LC 高频振荡器、检波电路、放大电路、整形电路及开关量输出电路组成,如图 2-2-8 所示。LC 高频振荡器产生一个交变磁场,当金属目标接近这一磁场,并达到感应距离时,在金属目标内产生涡流,从而导致振荡衰减,以至停振。振荡器振荡及停振的变化被后级放大电路处理并转换成开关信号,触发驱动控制器件,从而达到非接触式检测的目的。

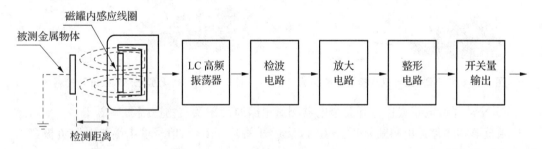

图 2-2-8 电感式接近开关的工作过程

由上述的电感式接近开关的工作原理可知,电感式接近开关是利用振荡电路的衰减来判断有无物体接近的。被测物体要有能够影响电磁场使接近开关的振荡电路产生涡流的能力,所以一般来说电感式接近开关只能用于检测金属物体。

在实际制作电感式接近开关时,由于 LC 振荡电路的频率和幅度与电路参数相关较大,而 LC 振荡电路的电容元件参数容易受温度等条件而变化,造成检测距离不稳定。因此制作时须有较好的工艺和一丝不苟的工作态度。

3. 电感式接近开关的特点

电感式接近开关可以实现信息的远距离传输、记录、显示和控制功能,它被广泛应用于工业自动控制系统中。它的主要特点有：

（1）结构简单、无活动触点、工作可靠度高、使用寿命长。

（2）具有很高的灵敏度和分辨率，能够测量 0.01 μm 的位移，其输出信号，每毫米的位移输出电压灵敏度可达数百毫伏。

（3）线性度高、重复性好，电感式接近开关的非线性误差在一定范围内可达到 0.1％～0.05％。

（4）测量范围宽，但测量范围大时分辨率低。无输入时有零位输出电压，会引起测量误差。

（5）对激励电源的频率和幅值稳定性要求较高，不适用于高频动态测量。

4. 电感式接近开关的技术参数

（1）额定动作距离

动作距离是指检测体按一定方式移动时，从基准位置（接近开关的感应表面）到开关动作时测得的基准位置到检测面的空间距离。额定动作距离指接近开关动作距离的标称值。

（2）设定距离

指接近开关在实际工作中的整定距离，一般为额定动作距离的 0.8 倍。被测物与接近开关之间的安装距离一般等于额定动作距离，在此距离内，接近开关不应受温度变化、电源波动等外界干扰而产生误动作。安装后还须通过调试，然后紧固。

（3）复位距离

接近开关动作后，又再次复位时的与被测物的距离，它略大于动作距离。

（4）动作滞差

动作距离与复位距离之差的绝对值。回差值越大，对外界的干扰以及被测物的抖动等的抗干扰能力就越强。

（5）动作频率

每秒连续不断地进入接近开关的动作距离后又离开的被测物个数或次数。若接近开关的动作频率太低而被测物又运动太快时，接近开关就来不及响应物体的运动状态，有可能造成漏检。

（6）响应时间

接近开关检测到物体时刻到接近开关出现电平状态翻转的时间之差。

五、电感式接近开关的仿真

电感式接近开关内部电路参考如图 2-2-9 所示。

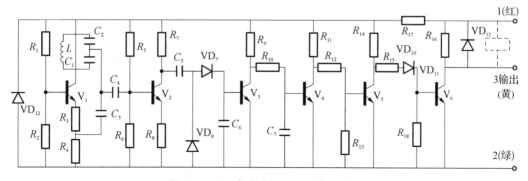

图 2-2-9　电感式接近开关内部电路

图 2-2-9 所示左边 L 为振荡电感,与 C_1、C_2 元件构成 LC 振荡电路,同时向周围发送电磁波,当靠近周围没有金属时,振荡比较强烈,电磁波也较强,而当金属靠近时,L 发送的电磁波被吸收短路,振荡减弱或停止振荡。C_4 为耦合电容器,把 LC 振荡电路的正弦波耦合至后级信息处理电路,从而识别是否有金属靠近。

简化的仿真电路如图 2-2-10 所示,左边 SW_1 接入信号发生器,以模拟 LC 振荡电路,闭合时表示振荡强烈,模拟无金属靠近,断开时振荡停止,模拟有金属靠近。画仿真电路时,三极管、二极管等元件直接在库里按图 2-2-10 所示元件的型号即可找到,图中探针电压在最左边工具栏里的"探针模式"里拿出。图中"A、B、C…"标注,点击最左边工具栏里的"A"即可写字。

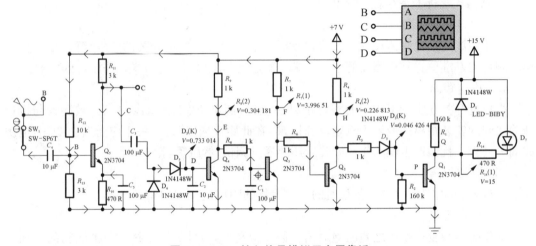

图 2-2-10 接入信号模拟无金属靠近

信息源在"激励源模式"处的"SINE",如图 2-2-11 所示,信息源取出放入电路并双击,如图 2-2-12 所示修改参数,输入信号改为 100 mV、20 kHz,经 Q_5 放大后可达满幅放大,经 C_3 耦合,D_5 等整流,对 C_2 充电,使 D 点电压达 0.7 V 左右,Q_4 饱和导通,E 点电位下降,Q_3 截止,F 点电位上升,最后 Q_1 是截止的。

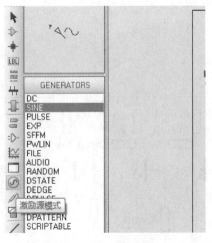

图 2-2-11 信息源

图 2-2-12 信息源参数

而输入关闭后,D 点电位下降,Q_4 截止,E 点电位上升,Q_3 饱和导通,F 处电位下降,最后 Q_1 饱和导通,点亮 D_7,如图 2-2-13 所示。

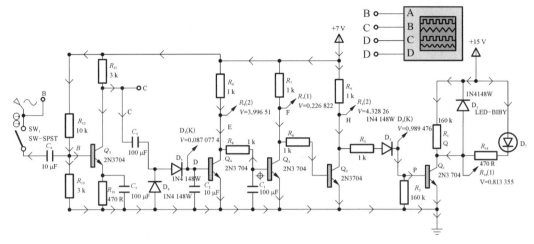

图 2-2-13 关闭信号模拟有金属靠近

六、电感式接近开关实训项目

项目名称:电感式接近开关控制电机的应用训练

1. 训练目的

(1) 了解电感式接近开关的基本工作原理及主要技术参数指标。

(2) 熟悉电感式接近开关的外部接线。

(3) 熟练掌握电感式接近开关与 PLC 的接线及使用调试方法。

2. 训练设备

直流电源 24 V、交流电源 220 V、电感式接近开关(NPN 型三线制)、PLC、三相异步电动机、信号灯、蜂鸣器、220 V 交流接触器。

3. 训练步骤

在电动机正常运行时,当被测物体接近传感器时,接近开关动作,发出控制信号,电动机停止运转。

(1) 观察 NPN 型三线制电感式接近开关

观察电感式接近开关的外部结构,仔细阅读说明材料,熟悉接近开关的主要技术指标。

(2) 接线及确定 I/O 分配

① 根据控制要求确定 PLC 的 I/O 分配表,并将编写好的 PLC 程序写入 PLC。

② 根据图 2-2-14(a)所示的原理图完成 PLC 控制电动机主电路接线。

③ 根据图 2-2-14(b)所示接线图完成 PLC 的外部接线。

(3) 控制电动机的启停

① 完成电路的接线后,按下启动按钮,使电动机正常运转。

② 将被测物逐渐接近传感器,直至开关动作,PLC 控制电动机,电动机停止转动。

③ 移走被测物,电动机又正常运转。

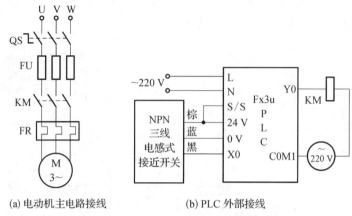

(a) 电动机主电路接线　　　　　(b) PLC 外部接线

图 2 - 2 - 14　电感式接近开关控制电机实训图

七、拓展知识

电感式接近开关的产品很多,下面主要介绍 JM 系列产品的电感式接近开关的相关知识。

1. 适用范围

JMDL 系列接近开关适用于交流 50 Hz,额定工作电压 90～250 V(除 LM8L 外),直流额定工作电压 10～30 V 的电路中,具有短路保护电路,起反连接保护电路之用。

2. 正常使用条件和安装条件

(1) 周围空气温度上限为＋70 ℃,下限为－25 ℃。

(2) 安装地点的海拔不超过 2 000 m。

(3) 大气相对湿度在周围空气温度为＋70 ℃时不超过 50%,在较低的温度下可以允许有较高的相对湿度,如在 20 ℃时达 90%。对由于温度变化偶尔产生的凝露应采取特殊措施。

(4) 污染等级:3 级。

3. 主要技术参数

表 2 - 2 - 1　主要技术参数

产品型号		JM8L	JM12L	JM18L	JM30L
检测距离/mm	埋入式	1	2	5	10
	非埋入式	2	4	8	15
设定距离/mm	埋入式	0～0.8	0～1.6	0～4.0	0～8
	非埋入式	0～1.6	0～3.2	0～6.4	0～12
标准检测体/mm		6×6×1	12×12×1	24×24×1	45×45×1
输出电流/mA		NPN/PNP≤200,直流二线≤0.8,交流≤2			
电源电压/V		DC:10～30,AC:90～250			
消耗电流/mA		NPN/PNP 晶体管≤10～15,直流二线≤60～80,交流≤200			

产品型号	JM8L	JM12L	JM18L	JM30L
输出电压降/V	NPN/PNP 晶体管≤1.5,直流二线≤7,交流≤8			
响应频率/ Hz	NPN/PNP 晶体管:400～800			
绝缘电阻/MC	≥30			

2.3　电容式接近开关应用与设计

一、教学目标

终极目标:会使用电容式接近开关,理解电容式接近开关的工作原理。

促成目标:

1. 掌握电容式接近开关的结构原理。

2. 学会电容接近开关的设计方法与应用电路。

3. 了解电容式接近开关的应用情况。

4. 能够安装调试典型的电容接近开关应用电路。

5. 锻炼同学们的敬业精神和团队意识。

二、工作任务

工作任务:分析电容式接近开关的组成、原理及各部分的关系,并掌握其应用。

电容式接近开关是利用变极距型电容式传感器的原理设计的,它采用静态感应方式。这种接近开关主要用于定位或开关报警控制等场合。它具有无抖动、无触点、非接触检测等优点,其抗干扰能力、耐蚀性能等都比较好,是进行长期开关工作比较理想的器件,尤其比较适合自动化生产线和检测线的自动限位、定位等控制系统。常见的电容式接近开关产品如图 2 - 3 - 1 所示。

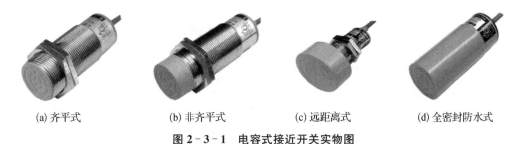

(a) 齐平式　　　　(b) 非齐平式　　　　(c) 远距离式　　　　(d) 全密封防水式

图 2 - 3 - 1　电容式接近开关实物图

电容式接近开关的测量端是构成电容器的一个极板,而另一个极板是开关的外壳。当有物体移向电容式接近开关时,无论该物体是否导电,由于它的介电常数总会不同于原来的环境介质(空气、水、油等),使得电容量发生变化,从而使得开关内部电路参数发生变化,由此识别出有无物体接近,进而控制开关的通或断。电容式接近开关对任何介质都可检测,包括导体、半导体、绝缘体,甚至可以用于检测液体和粉末状物料。对金属物体电容式接近开关可以获得最大的动作距离,对非金属物体的动作距离决定于材料的介电常数,材料的介电常数越大,可获得的动作距离越大。

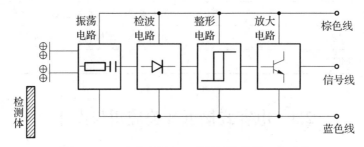

图2-3-2 电容式接近开关检测物体的工作过程

电容式接近开关检测物体的过程如图2-3-2所示,接近开关的感应面由两个同轴金属电极构成,很像"打开的"电容器电极,该两个电极构成一个电容,串接在RC振荡回路内。电源接通时,RC振荡器不振荡,当一目标朝着电容器的电极靠近时,电容器的容量增加,振荡器开始振荡。通过后级电路的处理,将不振荡和振荡两种信号转换成开关信号,从而起到了检测有无物体存在的目的。

三、实践知识

1. 电容式接近开关的安装

电容式接近开关的安装方式同样也分齐平式安装和非齐平式安装。齐平式(又称埋入型)接近开关头部可以和金属安装支架相平安装,非齐平式(非埋入安装型)接近开关头部不能和金属安装支架相平安装。一般情况下,可以齐平安装的接近开关也可以非齐平安装,但非齐平安装的接近开关不能齐平安装。这是因为,可以齐平安装的接近开关头部带有屏蔽,齐平安装时,其检测不到金属安装支架,而非齐平安装的远距离接近开关不带屏蔽,当齐平安装时,其可以检测到金属安装。正因为如此,非齐平安装的接近开关的灵敏度比齐平安装的灵敏度要大些,在实际应用中可以根据实际需要选用。电容式接近开关的安装方式如图2-3-3所示。

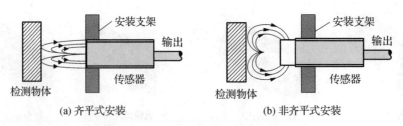

(a) 齐平式安装　　　　　　　　　　(b) 非齐平式安装

图2-3-3 电容式接近开关的安装方式

2. 电容式接近开关的接线

电容式接近开关的引出线有两线制、三线制和四线制的区别。其中,三线制和四线制接近开关又分为NPN型和PNP型,它们的接线是不同的。两线制接近开关的接线比较简单,接近开关与负载串联后接到电源即可。对于三线制电容接近开关,其棕色引出线接电源正端,蓝色引出线接电源0 V端,黑色引出线为信号端,应接负载。而对于负载端的接线,NPN

型接近开关,应接到电源正端;PNP 型接近开关,则应接到电源 0 V 端。电容式接近开关的接线方式如图 2-3-4 所示。

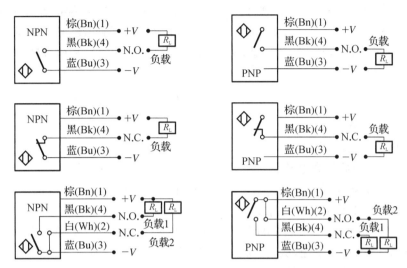

图 2-3-4　电容式接近开关的接线

接近开关的负载可以是信号灯、继电器线圈或可编程序控制器(PLC)的数字量输入模块。需要特别注意的是,要对接入到 PLC 数字量输入模块的三线制接近开关的型式进行选择。这是因为 PLC 数字量输入模块一般可分为两类:一类的公共输入端为电源负极,电流从输入模块流出,此时,一定要选用 NPN 型接近开关;另一类的公共输入端为电源正极,电流流入输入模块,此时,一定要选用 PNP 型接近开关,这一点千万不要选错。两线制接近开关受工作条件的控制,导通时开关本身产生一定压降,截止时又有一定的剩余电流流过,选用时应予考虑。三线制接近开关虽多了一根线,但不受剩余电流之类不利因素的困扰。有的厂商将接近开关的"常开"和"常闭"信号同时引出,或增加其他功能,此种情况,请按产品说明书进行接线。电容式接近开关与继电器和 PLC 的接线测试如图 2-3-5(a)、(b)所示。

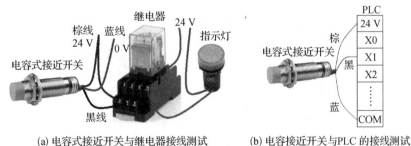

(a) 电容式接近开关与继电器接线测试　　(b) 电容接近开关与PLC 的接线测试

图 2-3-5　电容式接近开关的接线测试

四、理论知识

1. 基本知识

(1)电容器电容量的影响因素

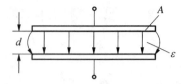

图 2-3-6 平行板电容器原理图

电容式传感器是将被测物理量的变化转换为电容量变化的一种传感器,它本身就是一种可变电容器,其基本工作原理可以用图 2-3-6 所示的平行板电容器来说明。电容器的电容值 C 受到电容极板的间距、相对面积和极板间系数的影响,当忽略边缘效应时,平行板电容器的电容量为:

$$C=\frac{\varepsilon A}{d}=\frac{\varepsilon_0 \varepsilon_r A}{d} \qquad (2-3-1)$$

式中:d——极板间距;

A——极板相对面积;

ε——极板间介质的介电常数;

ε_0——真空介电常数,$\varepsilon_0=8.85\times10^{-12}$ Fm^{-1};

ε_r——介质材料的相对介电常数。

由式(2-3-1)可知,当被测量的变化使 A、d 和 ε_r 中任意一个参数或某几个参数发生变化时,电容量 C 也随之而变,从而完成了由被测量到电容量的转换。

(2)电容式传感器的结构类型

当式(2-3-1)中的三个参数中两个固定,一个可变,使得电容式传感器有三种基本类型:变极距型电容传感器、变面积型电容传感器和变介电常数型电容传感器,下面分别加以介绍。

① 变极距型电容传感器

变极距型电容传感器结构形式如图 2-3-7 所示。若式(2-3-1)中参数 A、ε_r 不变,d 是变化的,假设电容极板间的距离由初始值 d_0 减小了 Δd,电容量增加 ΔC,则有:

$$\Delta C=C-C_0=\frac{\varepsilon A}{d_0-\Delta d}-\frac{\varepsilon A}{d_0}=C_0\frac{\Delta d}{d_0-\Delta d}=C_0\cdot\frac{\Delta d}{d_0}\cdot\frac{1}{1-\frac{\Delta d}{d_0}} \qquad (2-3-2)$$

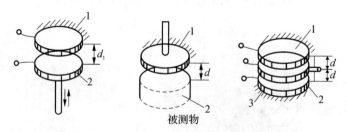

(a)圆极型　　(b)圆极型被测物为可动电极　　(c)圆极型差动式

图 2-3-7 变极距型电容传感器结构形式图

1,3-定极板;1,2-动极板

由式(2-3-2)可知,电容的变化量 ΔC 与极板间距 Δd 是非线性关系,即传感器的输出特性不是线性关系,这种变极距型电容传感器的特性曲线如图 2-3-8 所示。

在式(2-3-2)中,若 $\Delta d/d_0\ll1$ 时,则上式简化为:

$$\Delta C=C-C_0=C_0\frac{\Delta d}{d_0} \qquad (2-3-3)$$

此时 ΔC 与 Δd 近似呈线性关系,所以变极距型电容式传感器只有在 $\Delta d/d_0$ 很小时,才有近似的线性关系。

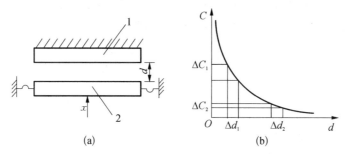

图 2-3-8　电容器的特征分析
1—定极板;2—动极板

② 变面积型电容传感器

变面积型电容传感器结构形式如图 2-3-9 所示。当图 2-3-9(a)中平板型电容传感器的可动极板 2 移动 Δx 后,两极板间的电容量为:

$$C=\frac{\varepsilon b(a-\Delta x)}{d}=C_0-\frac{\varepsilon b}{d}\Delta x \qquad (2-3-4)$$

式中:ε——介质介电常数;

　　a——电容极板的宽度;

　　b——电容极板的长度;

　　Δx——电容可动极板长度的变化量。

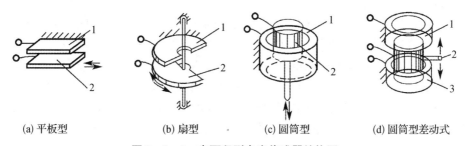

(a) 平板型　　　　　(b) 扇型　　　　　(c) 圆筒型　　　　　(d) 圆筒型差动式

图 2-3-9　变面积型电容传感器结构图
1,3-定极板;2-动极板

电容的变化量为:

$$\Delta C=C-C_0=\frac{\varepsilon b}{d}\Delta x \qquad (2-3-5)$$

电容传感器的灵敏度为:

$$S=\frac{\Delta C}{\Delta x}=-\frac{\varepsilon b}{d} \qquad (2-3-6)$$

可见,变面积型电容传感器的输出特性是线性的,适合测量较大的位移,其灵敏度 S 为常数,增大极板长度 b,减小间距 d,可使灵敏度提高,极板宽度 a 的大小不影响灵敏度,但也不能太小,否则边缘影响增大,非线性将增大。

③ 变介电常数型电容传感器

变介电常数型电容传感器结构形式如图2-3-10所示。当图2-3-10(b)中有介质在极板间移动时,若忽略边缘效应,则传感器的电容量为:

$$C = \frac{bl_x}{(d_0 - \delta)/\varepsilon_0 + \delta/\varepsilon} + \frac{b(a - l_x)}{\delta/\varepsilon_0} \qquad (2-3-7)$$

式中:d_0——两极板间的间距;

δ——被插入介质的厚度;

l_x——被插入介质的长度;

ε_0——空气的介电常数;

ε_r——被插入介质的介电常数。

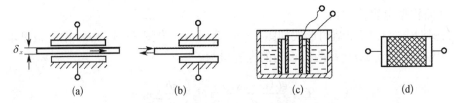

图2-3-10　变介电常数型电容传感器结构形式图

由式(2-3-7)可见,当运动介质厚度δ保持不变,而介电常数ε改变时,电容量将产生相应的变化,因此可作为介电常数ε的测试仪;反之,如果ε保持不变,而d改变,则可作为厚度测试仪。

2. 电容式接近开关的结构

电容式接近开关的形状及结构随用途的不同而各异。图2-3-11所示是应用最多的圆柱形电容式接近开关的结构图,它主要由检测电极、检测电路、引线及外壳等组成。检测电极设置在传感器的最强端,检测电路装在外壳内并由树脂灌封。在传感器的内部还装有灵敏度调节电位器。当检测物体和检测电极之间隔有不灵敏的物体如纸带、玻璃时,调节该电位器可使传感器不检测夹在中间的物体。此外,还可用此电位器调节工作距离。电路中还装有指示传感器工作状态的指示灯,当传感器动作时,该指示灯点亮。

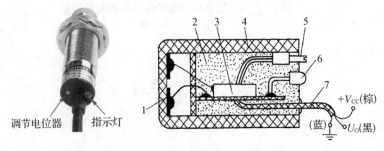

图2-3-11　圆柱形电容式接近开关的结构图
1-检测电极;2-树脂;3-检测电路;4-外壳;5-电位器;6-工作指示灯;7-引线

(1) 电容式接近开关的工作原理

电容式接近开关是一个以电极为检测端的静电电容式接近开关,它由高频振荡电路、检波电路、放大电路、整形电路及开关量输出等部分组成,如图 2‑3‑12 所示。没有检测物时,检测电极与大地之间存在一定的电容量,它成为振荡电路的一个组成部分。当检测物体接近开关的检测电极时,由于检测电极加有电压,检测物体就会受到静电感应而产生极化现象。被测物体越靠近检测电极,检测电极上的电荷就越多,则检测电极的静电电容也越大,从而又使振荡电路的振荡减弱,甚至停止振荡。振荡电路的振荡和停振这两种状态被检测电路转换为开关信号后向外输出。

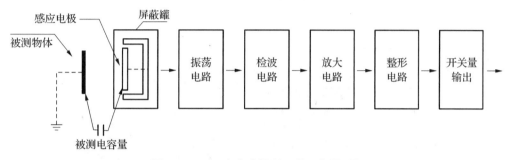

图 2‑3‑12　电容式接近开关工作原理图

（2）使用电容式接近开关的注意事项

① 检测区有金属物体时,容易造成对传感器检测距离的影响。如果周围还安装有另外的传感器,也会对传感器的性能带来影响。

② 电容式接近开关安装在高频电场附近时,易受高频电场的影响而产生误动作,安装使用时应远离高频电场。

③ 电容式接近开关应用中,被测物不限于金属体、塑料、木材、纸张、液体、粉粒等介质。

（3）电容式接近开关的典型应用

① 利用电容式接近开关进行转速测量

电容式接近开关进行转速测量的工作原理如图 2‑3‑13 所示。当定极板与齿顶相对时,电容量最大,振荡器开始振荡;而当定极板与齿隙相对时,电容量最小,振荡器停止振荡。通过后级电路的处理,振荡和不振荡两种信号转换成开关信号。齿轮转动时,电容式接近开关产生周期信号,经测试电路转换为脉冲信号,用频率计显示齿轮转速。该传感器既能检测金属物体,又能检测非金属物体;对金属物体可以获得最大的动作距离,对非金属物体动作距离决定于材料的介电常数,材料的介电常数越大,可获得的动作距离越大。

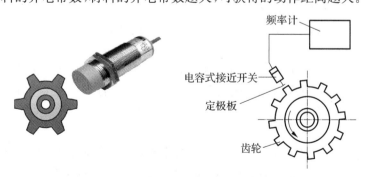

图 2‑3‑13　电容式接近开关进行转速测量

② 利用电容式接近开关进行物位测量

电容式接近开关进行粮仓粮食位置高度测量的工作过程如图 2-3-14 所示,粮食通过输送机器输送至粮仓内部,当粮食的位置高度较低时,没有达到电容式接近开关的检测距离,接近开关不动作,输送机器继续向粮仓内输送粮食,当粮仓内粮食的位置高度上升到电容式接近开关的检测距离时,接近开关动作,输送机器停止向粮仓内输送粮食。

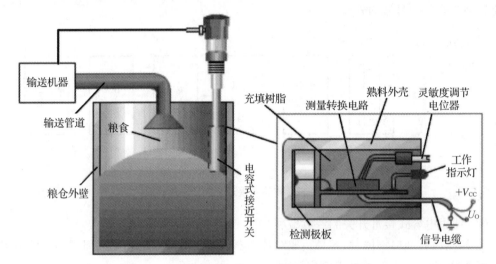

图 2-3-14 利用电容式接近开关进行物位检测

五、电感式接近开关实训项目

项目名称:电容式接近开关液位检测训练。

1. 训练目的

(1) 理解电容式接近开关的基本原理、外部接线和主要应用。

(2) 熟悉电容式接近开关的使用方法。

(3) 了解电容式接近开关与其他接近开关的异同。

2. 训练设备

直流电源、电容式接近开关(不同接线方式)、实验室水箱、信号灯、蜂鸣器等。

3. 训练步骤

(1) 认识电容式接近开关

仔细阅读电容式接近开关的说明材料,掌握其主要技术参数的含义及接线方式。

(2) 电路连接

① 如图 2-3-15(a)所示,在实验室水箱的不同高度处,安装两个电容式接近开关。

② 两个电容式接近开关可以接成图 2-3-15(b)所示的声、光控制电路,低处的电容式接近开关接成声控电路,高处的电容式接近开关接成光控电路。

(3) 观察实验现象

手动打开进水阀门(假设水箱水位为零),观察水箱液位由低到高,分别经过两个电容式接近开关时,它们会产生什么动作;然后再手动打开放水阀门,同样观察水箱液位由高到低,分别经过两个电容式接近开关时,它们又会产生什么动作,并比较两次动作的特点。

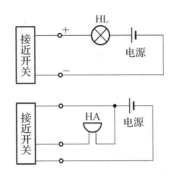

(a) 电容式接近开关安放位置示意图　(b) 电容式接近开关的光声控接线电路

图 2－3－15　电容式接近开关测液位

六、拓展知识

自来水厂在河中的取水过程,当水中的离子浓度较低时,取水电动机保持工作状态,当水中离子浓度增大到一定程度时,取水电动机停止工作。图 2－3－16 所示为控制电动机工作的电路图。当水中的离子浓度较低时,电容式接近开关处于常开状态,继电器线圈不得电,继电器常闭触点闭合,则电动机正常运转;当水中离子浓度增大到一定程度时,电容式接近开关动作,使继电器线圈得电,则继电器常闭触点断开,电动机停止工作。

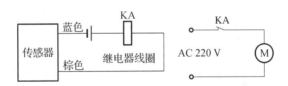

图 2－3－16　电容式接近开关控制电动机工作的电路图

2.4　光电式接近开关应用与设计

微信扫码见本节
仿真电路图与程序代码

一、教学目标

终极目标:会使用光电式接近开关,理解光电式接近开关的工作原理。

促成目标:

1. 掌握光电式接近开关在各种场合中的常见应用。

2. 了解什么是光电效应,进而掌握光电式接近开关的工作原理。

3. 熟悉光电式接近开关的技术参数。

4. 能够安装调试典型的光电式接近开关应用电路。

二、工作任务

工作任务:分析光电式接近开关的组成、原理及各部分的关系,并掌握其应用。

光电开关是光电式接近开关的简称,它是利用被检测物体对光束的遮挡或者反射来检测物体的有无。被检测物体不限于金属,所有能反射光线或者对光线有遮挡作用的物体均可以被检测。光电开关一般由发射器和接收器两部分组成,在发射器上,光电开关将输入电流转换为光信号射出,接收器再根据接收到的光线的强弱或有无对目标物体进行探测。常见的光电式接近开关产品如图2-4-1所示。

图2-4-1 常见的光电式接近开关产品

光电开关通常在环境条件比较好、无粉尘污染的场合下使用。光电开关工作时对被测对象几乎无任何影响。因此,在要求较高的生产线上被广泛地使用。图2-4-2所示为三条引出线的光电式接近开关,各引出线的定义如图2-4-2所示。其中,棕色引出线为电源线,使用时接电源正极,蓝色线为0V线,使用时接电源负极,黑色引出线为信号输出线,使用时接负载。图2-4-3所示为漫反射式光电开关的接线测试电路,当被测物接近光电开关并将发射器发出的光线反射回接收器时,指示灯点亮,当被测物离开接近开关后,指示灯熄灭。

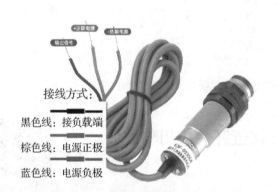

图2-4-2 光电式接近开关的引脚定义

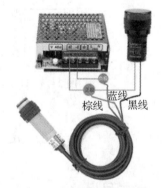

图2-4-3 光电式接近开关测试

三、实践知识

1. 光电式接近开关的接线

光电式接近开关的输出类型分为NPN型和PNP型,输出状态有常开(NO)和常闭(NC)两种形式。所以,光电开关根据输出类型和输出状态的不同总共可分为六种,分别是:NPN-NO(常开型)、NPN-NC(常闭型)、NPN-NC+NO(常开、常闭共有型)、PNP-NO(常开型)、PNP-NC(常闭型)、PNP-NC+NO(常开、常闭共有型)。其中,NPN-NO表示常态下是常开的,当检测到物体时,黑色线输出一个负电压信号。PNP-NO表示常态下是常开的,当检测到物体时,黑色线输出一个正电压信号。对于常开、常闭共有型的光电式接近开关,当开关检测到物体时,其常开触点闭合,常闭触点断开;当开关未检测到物体时,其常开触点处于断开状态,常闭触点处于闭合状态。光电式接近开关的接线图如图 2-4-4 所示。

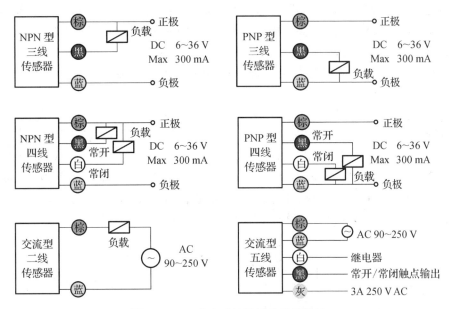

图 2-4-4 光电式接近开关的接线图

2. 光电式接近开关的测试

如图 2-4-5 所示为光电开关测试的实物连接图和接线原理图,当被检测物靠近漫反射式光电开关时,光电开关发出的光线被被测物反射回光电开关受光器时,光电开关发出开关量信号,将其常开触点闭合接通继电器线圈回路,此时继电器动作。当没有被测物时,光电开关不动作,其常开触点处于断开状态,因此继电器也不动作。

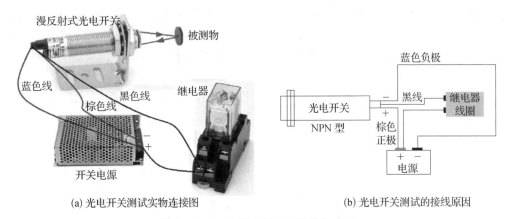

(a) 光电开关测试实物连接图   (b) 光电开关测试的接线原因

图 2-4-5 光电式接近开关的接线图

四、理论知识

1. 光电效应

光电式传感器的作用原理是基于一些物质的光电效应,光电效应一般分为外光电效应、内光电效应和光生伏特效应。在光线作用下使物体的电子逸出表面的现象称为外光电效应,如光电管、光电倍增管等属于这类光电器件。在光线的作用下能使物体电阻率改变的现象称为内光电效应,如光敏电阻等属于这类光电器件。在光线的作用下能使物体产生一定方向的电动势的现象称为光生伏特效应,如光电池、光电晶体管等属于这类器件。

2. 光电器件

光电器件是将光能转换为电能的一种传感器件,它是光电传感器的主要部件。光电器件工作的基础是光电效应。

(1)光电管

光电管有真空光电管和充气光电管或称电子光电管和离子光电管两类。两者结构相似,如图2-4-6所示。光电管由一个涂有光电材料的阴极和一个阳极构成,并且密封在一只真空玻璃管内。阴极装在玻璃管内壁上,其上涂有光电发射材料,阳极通常用金属丝弯曲成矩形或圆形置于玻璃管的中央。阴极受到适当波长的光线照射时便发射电子,电子被带正电位的阳极所吸引,在光电管内就有电子流,在外电路中便产生了电流。

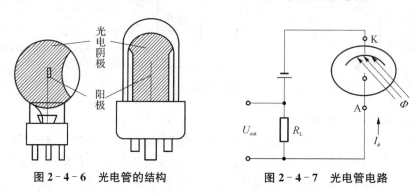

图2-4-6 光电管的结构   图2-4-7 光电管电路

当光电管的阴极受到适当波长的光线照射时,便有电子逸出,这些电子被具有正电位的阳极所吸引,在光电管内形成空间电子流。如果在外电路中串入一适当阻值的电阻,则在光电管组成的回路中形成电流 I_ϕ,并在负载电阻 R_L 上产生输出电压 U_{out}。在入射光的频谱成分和光电管电压不变的条件下,输出电压 U_{out} 与入射光通量 ϕ 成正比,如图2-4-7所示。

(2)光电倍增管

当入射光很微弱时,普通光电管产生的光电流很小,只有零点几微安,很不容易探测。为了提高光电管的灵敏度,这时常用光电倍增管对电流进行放大,图2-4-8所示为光电倍增管的内部结构示意图。

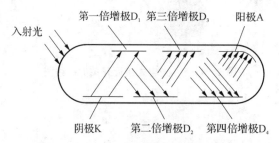

图2-4-8 光电倍增管内部结构示意图

光电倍增管由光电阴极、倍增极以及阳极三部分组成。光电阴极是由半导体光电材料锑铯做成,入射光在它上面打出光电子。倍增极是在镍或铜-铍的衬底上涂上锑铯材料而形成的。工作时,各个倍增极上均加上电压,阴极 K 电位最低,从阴极开始,各倍增极 D_1、D_2、D_3、D_4(通常为 12 级~14 级,多的可达 30 极)电位依次升高,阳极 A 电位最高。光电阴极上所激发的电子,由于各倍增极有电场存在,所以阴极激发电子被加速,经过各极倍增管后,能放出更多的电子。阳极是最后用来收集电子的,收集到的电子数是阴极发射电子数的 10^5~10^6 倍。即光电倍增管的放大倍数可达几万倍到几百万倍。光电倍增管的灵敏度就比普通光电管高几万倍到几百万倍。因此在很微弱的光照时,它就能产生很大的光电流。

（3）光敏电阻

光敏电阻是用光电导体制成的光电器件,又称光导管。光敏电阻没有极性,纯粹是一个电阻器件,它的结构比较简单,如图 2-4-9 所示。在玻璃底板上均匀地涂上薄薄的一层半导体物质,半导体的两端装上金属电极,使电极与半导体层可靠地电接触,然后将它们压入塑料封装体内。为了防止周围介质的污染,在半导体光敏层上覆盖一层漆膜,漆膜成分的选择应该使它在光敏层最敏感的波长范围内透射率最大。当无光照射时,光敏电阻值(暗电阻)很大,电路中电流很小。当光敏电阻受到一定波长范围的光的照射时,它的电阻值(亮电阻)急剧减少,因此电路中电流迅速增加。光敏电阻接线电路如图 2-4-10 所示,光敏电阻在受到光的照射时,由于内光电效应使其导电性能增强,电阻 R_g 值下降,所以流过负载电阻 R_L 的电流及其两端电压也随之变化。

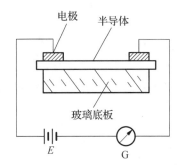
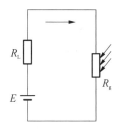

图 2-4-9　光敏电阻的结构　　　　图 2-4-10　光敏电阻的接线电路

（4）光敏二极管与光敏晶体管

光敏二极管的结构与普通二极管相似。图 2-4-11 是光敏二极管的结构图。在光敏二极管管壳上有一个能射入光线的玻璃透镜,入射光通过玻璃透镜正好照射在管芯上。发光二极管的管芯是一个具有光敏特性的 PN 结,它被封装在管壳内。发光二极管管芯的光敏面是通过扩散工艺在 N 型单晶硅上形成的一层薄膜。光敏二极管的管芯以及管芯上的 PN 结面积做得较大,而管芯上的电极面积做得较小,PN 结的结深比普通半导体二极管做得浅,这些结构上的特点都是为了提高光电转换的能力。

光敏二极管在电路中一般处于反向工作状态,在没有光照时,光敏二极管的反向电阻很大,光电流很小,该反向电流称为暗电流;光照时,反向电阻很小,形成光电流,光的照度越大,光电流越大。因此,光敏二极管不受光照射时,处于截止状态;受到光照射时,处于导通状态。

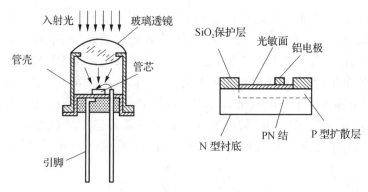

图 2 - 4 - 11　光敏二极管的结构图

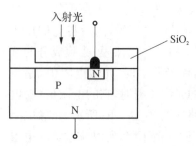

图 2 - 4 - 12　光敏晶体管的结构图

光敏晶体管与普通的晶体管很相似,具有两个 PN 结,光敏晶体管的结构如图 2 - 4 - 12 所示。为适应光电转换的要求,它的基区面积做得较大,发射区面积做得较小,入射光主要被基区吸收。和光敏二极管一样,管子的芯片被装在带有玻璃透镜的金属管壳内,当光照射时,光线通过透镜集中照射在芯片上。当光照射在集电极上时形成光电流,相当于普通晶体管的基极电流增加,因此集电极电流是光电流的 6 倍。所以光敏晶体管在将光信号转换为电信号的同时,还能将信号电流加以放大。

3. 光电开关的工作原理

如图 2 - 4 - 13 所示为一种反射式的光电开关,它的发光元件和接收元件的光轴在同一平面且以某一角度相交,交点一般为待测物所在处。当有物体经过时,接收元件对变化的光接收,并加以光电转换,同时以某种形式的放大和控制,从而获得最终的控制输出开关信号。

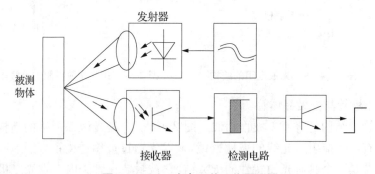

图 2 - 4 - 13　光电开关工作原理图

4. 光电式接近开关的种类

光电式接近开关按检测方式分类,可以分为漫反射式、对射式、镜面反射式、槽式光电开关、光纤式光电开关等,我们最常用的主要是对射式、漫反射式和镜面反射式。

(1) 对射式光电开关

对射式光电开关,它的主要特点是接收器和发射器是分开的,在光束被间断的情况下会产生一个开关信号变化。在同一轴线上,接收器和发射器分开可达 50 m,它的有效距离是最大的,而且不易受干扰,可靠性高,不惧怕灰尘的影响。对射式光电开关实物及其检测过程如图 2-4-14 所示。

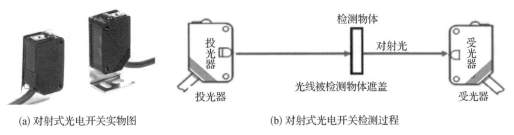

(a) 对射式光电开关实物图　　　　(b) 对射式光电开关检测过程

图 2-4-14　对射式光电开关

（2）漫反射式光电开关

漫反射式光电开关是将发射器和接收器置于一体,当光电开关反射的光被检测物反射回接收器时,他就认为前方有不透明的物体,这个时候开关状态就会发生变化。所以它的有效探测距离就比较短,一般为 3 m 左右。漫反射式光电开关实物及其检测过程如图 2-4-15 所示。

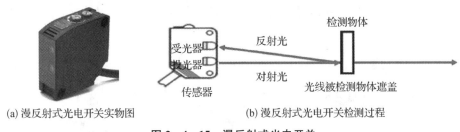

(a) 漫反射式光电开关实物图　　　　(b) 漫反射式光电开关检测过程

图 2-4-15　漫反射式光电开关

（3）镜面反射式光电开关

镜面反射式光电开关和漫反射光电开关类似,它的发射器和接收器也是在一起,但是我们在使用时,要在其正对面设置一个专用的反射镜来反射光束。所以它的有效距离要比漫反射式的光电开关要高,0.1～20 m 都能够有效检测,同样不易受干扰,不惧灰尘,可靠性高,适用范围比较广,安装也很方便。镜面反射式光电开关实物及其检测过程如图2-4-16所示。

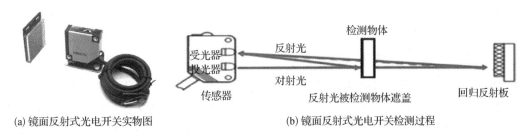

(a) 镜面反射式光电开关实物图　　　　(b) 镜面反射式光电开关检测过程

图 2-4-16　镜面反射式光电开关

（4）槽式光电开关

槽式光电开关实际上是对射式光电开关的一种,也称为 U 型光电开关。它的发射器和接收器分别位于 U 型槽两边,并形成一光轴,当被检测物体经过 U 型槽且阻断光轴时,光电开关就产生了检测到的开关量信号。槽型光电开关能够安全可靠地检测高速变化的物体及分辨透明与半透明物体。槽式光电开关实物及其检测应用如图 2-4-17 所示。

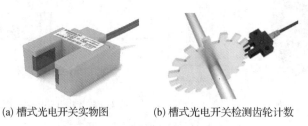

(a) 槽式光电开关实物图　　　　(b) 槽式光电开关检测齿轮计数

图 2-4-17　镜面反射式光电开关

5. 光电式接近开关的应用领域

因光电开关具有结构简单、精度高、响应速度快、非接触等优点,已被广泛应用于物位检测、液位控制、产品计数、宽度判别、速度检测、定长剪切、孔洞识别、信号延时、自动门传感、色标检出、冲床和剪切机以及安全防护等诸多领域。此外,利用红外线的隐蔽性,还可在银行、仓库、商店、办公室以及其他需要的场合作为防盗警戒之用。光电式接近开关的典型应用如图 2-4-18 所示。

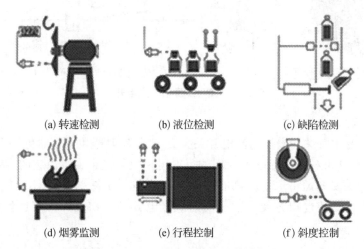

(a) 转速检测　　　　　(b) 液位检测　　　　　(c) 缺陷检测

(d) 烟雾监测　　　　　(e) 行程控制　　　　　(f) 斜度控制

图 2-4-18　光电式接近开关的应用

五、光敏电阻传感器的仿真

如图 2-4-19 所示,其中,光敏电阻、继电器、灯泡的元件名分别为"TORCH_LDR" "G2R-14-DC12""Lamp"。TORCH_LDR 左边的灯照调节箭头模拟亮度变化,灯照调远时,表示光敏电阻受光变暗,其阻值变大,使 U1A 的同相端 3 脚电位比 3 脚高,U1A 放大该两处电压差值,U1B 为电压跟随,也可不用,U2B 输出高电平,Q_1 导通,继电器 R_{L3} 吸合,灯 LAMP 点亮。

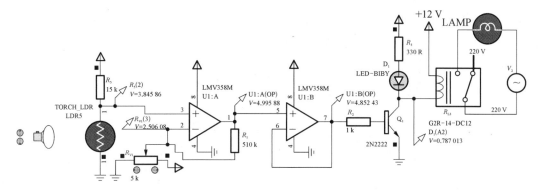

图 2-4-19　亮度较暗时

调节图 2-4-20 左边模拟亮度调亮时,光敏电阻的阻值变小,使 U1A 的同相端 3 脚电位比 3 脚低,U1B 输出低电平,Q_1 截止,继电器 R_{L3} 释放,灯 LAMP 灭。

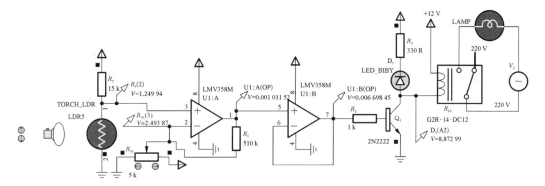

图 2-4-20　亮度较亮时

六、光电式接近开关实训项目

项目名称:光电开关位置检测训练。

1. 训练目的

(1) 了解光电开关的工作原理及分类。

(2) 熟悉光电开关的主要技术参数指标。

(3) 掌握光电开关的外部接线及位置检测方法。

2. 训练设备

万用表、直流电源、交流电源 220 V、光电开关(二线制、三线制)、信号灯、蜂鸣器、24 V直流继电器等。

3. 训练步骤

(1) 认识光电开关

根据光电开关的基本知识,仔细阅读光电开关的说明材料,识别光电开关的类型及芯线颜色的不同。

(2) 电路接线及位置检测

① 根据图 2-4-21 所示二线制、三线制光电开关的电路图,找出适合的光电开关,完成

控制蜂鸣器和信号灯的电路接线。

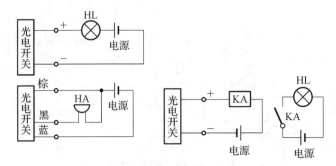

图 2-4-21　二线制、三线制光电开关训练电路图

② 完成接线后,被测物在其光轴上移动,使得光路发生改变,即光电开关动作发出声、光报警。

七、拓展知识

在自动化生产线中,经常将光电开关作为 PLC 的输入设备,用光电开关检测被测物,通过 PLC 控制某些设备使其动作。图 2-4-22 所示是将二线制、三线制光电开关作为三菱 PLC 的输入设备的连接示意图。图 2-4-23 所示是将二线制、三线制光电开关作为松下 PLC 的输入设备的连接示意图。

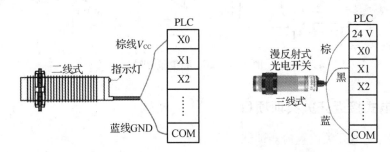

图 2-4-22　二线制、三线制光电开关与三菱 PLC 的连接示意图

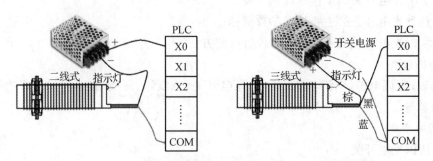

图 2-4-23　二线制、三线制光电开关与松下 PLC 的连接示意图

根据 PLC 的输入、输出类型和耐压情况,选择继电器、信号灯和蜂鸣器等元件及电源,完成图 2-4-24 所示的声、光控制电路自动化生产线。

提示:接近开关、光电开关为两线式传感器时,由于传感器的漏电流较大,可能出现错误的输入信号而导致 PLC 的误动作,此时可在 PLC 输入端并联旁路电阻。

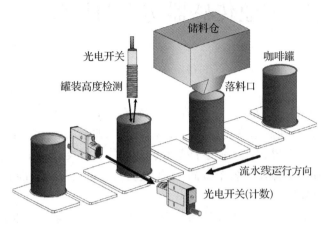

图 2-4-24 自动化生产线

习 题

2.1 _____又称无触点接近传感器,是利用位移传感器对接近物体的敏感特性来达到控制开关接通或断开的传感器装置。

2.2 按传感器的工作原理分,接近开关可分为_____式接近开关、_____式接近开关和_____式接近开关等。

2.3 常见的三线式接近开关传感器中,棕色端子常接_____,蓝色端子接_____,黑色端子接_____。

2.4 接近开关的安装方式分_____和_____。

2.5 电感式接近开关是基于_____而工作的,属于一种有开关量输出的位置传感器。

2.6 一般来说_____接近开关只能用于检测金属物体。

2.7 _____接近开关对任何介质都可检测,包括导体、半导体、绝缘体,甚至可以用于检测液体和粉末状物料。

2.8 光电式接近开关按检测方式分类,可以分为_____、_____、_____、槽式光电开关和光纤式光电开关等。

2.9 简述电感式接近开关、电容式接近开关和光电式接近开关的特点及接线方式。

2.10 现需要对三种工件:白色塑料、黑色塑料、银色金属进行计数、选择哪种传感器可以检测它们并说明检测过程。

2.11 光电效应分几种?简述它们的产生原因。

2.12 举例说明接近开关的几种典型应用案例。

2.13 某电容传感器(长方形平行板电容器)的边长$=4$ mm $* 5$ mm,初始极板间距$\delta_0=0.2$ mm,空气介质常数 $\varepsilon_0=8.85*(10\sim12)$ F/m。求极板间距增大 $1 \mu m$ 时,电容量变化了多少?

第 3 章

工业传感器仿真与设计

工业上常用的传感器是输入设备,可提供与特定物理量相关的输出信号。这些使人们能够监控、分析和处理工业制造现场发生的各种变化,例如温度、运动、压力、海拔、外部和安全方面的变化。几乎每个过程或环境条件都有合适的传感器类型。工业中使用的传感器监控各种过程的性能和机器操作的各个方面,收集数据以确定正常的基准操作水平,同时还能检测到该性能中非常微小的波动。

工业传感器是考验一个国家工业体系是否完善的关键性因素。工业传感器不仅性能指标要求苛刻,种类也非常繁杂。传感器生产企业应该在技术研发、管理、品控上多下功夫,研发新型传感器,具有广阔的市场需求。

3.1 热电偶传感器与应用

微信扫码见本节
仿真电路图与程序代码

一、教学目标

终极目标:会使用热电偶传感器,理解热电偶传感器的电路组成和工作原理。

促成目标:

1. 掌握热电偶传感器在高温场合中的应用。
2. 能正确分析热电偶原理,掌握热电偶传感器电路的组成。
3. 会仿真热电偶传感器的应用电路。
4. 会制作和测量热电偶传感器产品电路。

二、工作任务

工作任务:分析热电偶传感器的组成、原理及各部分的关系,并掌握其应用。

热电偶传感器是工业中使用最为普遍的接触式测温装置。这是因为热电偶具有性能稳定、测温范围大(高温或低温)、信号可以远距离传输等特点,并且结构简单、使用方便。热电偶能够将热能直接转换为电信号,并且输出直流电压信号,使得显示、记录和传输都很容易。

热电偶传感器基本元件如图 3-1-1 所示,其基本原理是两种不同的金属接在一起,结点即测温点与电压转换输出端温度不等时,输出端即有电压转换输出。为使用方便,一般制作成探头形式,如图 3-1-2 所示。

图 3-1-1　热电偶传感器基本元件　　　图 3-1-2　热电偶传感器探头

热电偶传感器测量较高温度时,须把热电偶传感器探头放入被测物体中,热电偶端温度比测量电路端高(测量电路一般不会放入被测物体中),热电偶端叫热端,输出端和测量电路端叫冷端,如图 3-1-3 所示。

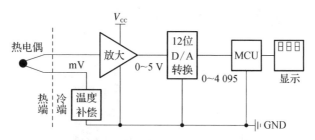

图 3-1-3　热电偶传感器测量温度电路框图

测量电路框图主要由热电偶、放大电路、D/A 模数转换、单片机、显示和温度补偿等六部分组成。热电偶端产生的电压(热电动势)是比较小的,只有 mV 级,还须经过放大器放大至合适的电压,如 0~5 V,当采用 12 位 D/A 模数转换时,则把 0~5 V 的模拟量转换为 $0 \sim (2^{12}-1)$,即 0~4 095,最后折算至温度显示出。

由于热电偶在热端与冷端温度不同时,才有热电动势输出。但如果热端与冷端温度相同时,热电动势输出为零,最后温度显示也为零,这显然是错误的,因为此时环境温度还是存在的。因此还需加入温度补偿电路,补偿环境(冷端)的温度。

三、实践知识

手持式热电偶数字式温度计如图 3-1-4 和图 3-1-5 所示。使用时,插入热电偶传感器探头,探头放入被测物体中,按要求操作即可测量温度,显示温度单位可以是摄氏度、华氏温度和热力学温度开尔文。

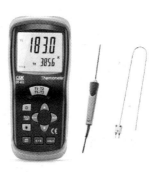

图 3-1-4　单通道热电偶温度计　　　图 3-1-5　双路 K 型热电偶温度计

指针式热电偶温度计如图3-1-6和图3-1-7所示。热电偶产生的热电动势经补偿后可直接驱动仪表显示,使用时把探头放入被测物体中即可。

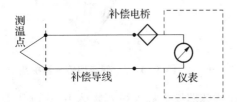

图3-1-6 指针式热电偶温度计原理框图

图3-1-7 指针式热电偶温度计外形

热电偶基本原理实验如图3-1-8所示。把铜丝和铝丝一端铰接在一起,另一端分别接万用表的正负极,万用表挡位打至mV挡,铜丝和铝丝铰接处用火烧,万用表即可得到几毫伏的热电动势电压。

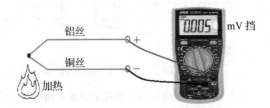

图3-1-8 热电偶基本原理实验图

四、理论知识

热电偶必须由两种自由电子密度不同的导体才能制成,不同自由电子密度导体接触时会产生扩散现象。

1. 热电效应原理

接触电动势的产生是由于两种不同导体的自由电子密度不同,而在接触处形成的电动势。自由电子由密度大的导体向密度小的导体扩散,在接触处失去电子的一侧带正电,得到电子的一侧带负电,扩散达到动平衡时,在接触面的两侧就形成稳定的接触电势。接触电动势的数值取决于两种不同导体的性质和接触点的温度。

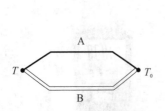

图3-1-9 热电效应原理图

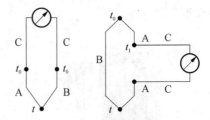

图3-1-10 具有三种导体的热电偶回路

两接点的接触电势$e_{AB}(T)$和$e_{AB}(T_0)$可表示为:

$$e_{AB}(T) = \frac{kT}{e} \ln \frac{N_A(T)}{N_B(T)}, \quad e_{AB}(T_0) = \frac{kT}{e} \ln \frac{N_A(T_0)}{N_B(T_0)} \tag{3-1-1}$$

式中：k——玻耳兹曼常数，$k=1.38\times10^{-23}$ J/K；

　　　e——单位电荷电量，$e=1.60\times10^{-19}$ C；

　　　$N_A(T)$、$N_B(T)$ 和 $N_A(T_0)$、$N_B(T_0)$——温度分别为 T 和 T_0 时，A、B 两种材料的电子密度。

　　同一导体的两端因其温度不同时，也会产生一种电动势，即温差电动势。两端温度不同时，高温端的电子能量要比低温端的电子能量大，而从高温端移动到低温端的电子数比从低温端移动到高温端的要多，结果高温端因失去电子而带正电，低温端因获得多余的电子而带负电，其大小为：

$$e_A(T,T_0)=\int_{T_0}^{T}\sigma_A\mathrm{d}T,\ e_B(T,T_0)=\int_{T_0}^{T}\sigma_B\mathrm{d}T \qquad (3-1-2)$$

式中：$e_A(T,T_0)$、$e_B(T,T_0)$——导体 A、B 两端温度为 T、T_0 时形成的温差电动势；

　　　T、T_0——高低温端绝对温度；

　　　σ_A、σ_B——汤姆逊系数，表示导体 A、B 两端的温差 1 ℃时所产生的温差电动势，例如 0 ℃时，铜的汤姆逊系数为 2 μV/℃。

　　则图 3-1-9 存在着两个接触电动势和温差电动势，回路总电动势为：

$$E_{AB}(T,T_0)=e_{AB}(T)-e_{AB}(T_0)-\int_{T_0}^{T}\sigma_A\mathrm{d}T+\int_{T_0}^{T}\sigma_B\mathrm{d}T$$
$$\qquad (3-1-3)$$
$$=\frac{kT}{e}\ln\frac{N_A(T)}{N_B(T)}-\frac{kT}{e}\ln\frac{N_A(T_0)}{N_B(T_0)}+\int_{T_0}^{T}(\sigma_B-\sigma_A)\mathrm{d}T$$

　　但工程中，为计算查阅方便，常用实验方法测出冷端为 0 ℃的热电动势，并制成表。由上系列式得：

$$E_{AB}(T,T_0)=E_{AB}(T)-E_{AB}(T_0)$$
$$=E_{AB}(T)-E_{AB}(0)-E_{AB}(T_0)+E_{AB}(0) \qquad (3-1-4)$$
$$=E_{AB}(T,0)-E_{AB}(T_0,0)$$

　　即热电偶的电动势等于两端温度分别为 T 与零度和 T_0 和零度的热电动势的差。

　　2. 热电偶的基本定律

　　（1）均质导体定律

　　如果 A、B 导体是同一种材料的，无论导体上是否存在温度差，A、B 导体产生的电动势相等相反，回路叠加时，总值为零，回路没有电流，这条定律说明，热电偶必须由两种不同性质的均质材料构成。

　　（2）中间导体定律

　　利用热电偶进行测温，必须在回路中引入连接导线和仪表，接入导线和仪表后是否会影响回路中的热电势呢？如图 3-1-10 所示。中间导体定律说明，在热电偶测温回路内，接入第三种导体时，只要第三种导体的两端温度相同，例如导体 C 全部于冷端，则对回路的总热电势没有影响，即

$$E_{ABC}(T,T_0)=E_{AB}(T)+E_{BC}(T_0)+E_{CA}(T_0) \qquad (3-1-5)$$

当 $T=T_0$ 时,冷热端温度相同,不产生热电动势,则:

$$E_{ABC}(T,T_0)=E_{AB}(T_0)+E_{BC}(T_0)+E_{CA}(T_0)=0 \qquad (3-1-6)$$

有:

$$E_{BC}(T_0)+E_{CA}(T_0)=-E_{AB}(T_0) \qquad (3-1-7)$$

则:

$$E_{ABC}(T,T_0)=E_{AB}(T,T_0) \qquad (3-1-8)$$

上式说明,在热电偶测温回路内接入第三种导体,只要第三种导体的两端温度相同,则对回路的总热电势不会产生影响。

（3）中间温度定律

在热电偶测温回路中,T_C 为热电极上某一点的温度,热电偶 AB 在接点温度为 T、T_0 时的热电势 $E_{AB}(T,T_0)$ 等于热电偶 AB 在接点温度为 T、T_C 和 T_C、T_0 时的热电势 $E_{AB}(T,T_C)$ 和 $E_{AB}(T_C,T_0)$ 的代数和,即

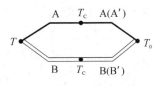

图 3-1-11　中间温度定律

$$E_{AB}(T,T_0)=E_{AB}(T,T_C)+E_{AB}(T_C,T_0) \qquad (3-1-9)$$

3. 热电偶类型和热电偶材料

理论上讲,任何两种不同材料的导体都可以组成热电偶,但为了准确可靠地测量温度,对组成热电偶的材料必须经过严格的选择,还必须考虑制作工艺问题。工程上用于热电偶的材料应满足以下条件:热电势变化尽量大,热电势与温度关系尽量接近线性关系,物理、化学性能稳定,不易腐蚀,便于加工,易成批生产。

现在工业上常用的 4 种标准化热电偶材料为:铂铑$_{30}$-铂铑$_6$（B 型）、铂铑$_{10}$-铂（S 型）、镍铬-镍硅（K 型）和镍铬-铜镍（镍铬-康铜）（E 型）。我国已采用 IEC 标准生产热电偶,并按标准分度表生产与之相配的显示仪表。表 3-1-1 列出了我国采用的几种热电偶的主要性能和特点。

对材料或方法的标准化也是一种技术发展的体现,在技术快速更新的现代,某项新技术抢先掌握,经常会决定着制定标准的资格,从而握有相当多的技术专利,更是在国际上竞争中将拥有更多的主动权。

表 3-1-1　标准化热电偶的主要性能和特点

热电偶名称	分度号	允许偏差			特点
		等级	温度	偏差	
镍铬-铜镍	E	Ⅰ	−40～350 ℃	1.5 ℃ 或 0.004×|t|	稳定性好,灵敏度高,价格低。适用于弱还原性气氛中,按其偶丝直径不同,测温范围为−200～900 ℃。
		Ⅱ	−40～900 ℃	2.5 ℃ 或 0.007 5×|t|	

续　表

热电偶名称	分度号	允许偏差			特点
		等级	温度	偏差	
镍铬-镍硅	K	I	$-40\sim$ $1\,000\ ℃$	$1.5\ ℃$或$0.004\times|t|$	适用于氧化和中性气氛中测温，按其偶丝直径不同，测温范围为$-200\sim1\,300\ ℃$。若外加密封保护管，还可以在还原性气氛中短期使用。
		II	$-40\sim$ $1\,200\ ℃$	$2.5\ ℃0.007\,5\times|t|$	
铂铑$_{10}$-铂	S	I	$600\sim$ $1\,100\ ℃$	$0.001\,5\times|t|$	适用于氧化气氛中测温，其长期最高使用温度为$1\,300\ ℃$，短期最高使用温度为$1\,600\ ℃$。使用温度高，性能稳定，精度高，价格高。
		II	$600\sim$ $1\,600\ ℃$	$0.002\,5\times|t|$	
铂铑$_{30}$-铂铑$_6$	B	I	$600\sim$ $1\,700\ ℃$	$1.5\ ℃$或$0.005\times|t|$	适用于氧化气氛中测温，其长期最高使用温度为$1\,600\ ℃$，短期最高使用温度为$1\,800\ ℃$。稳定性好，测量温度高，参比端温度在$0\sim40\ ℃$范围内可以不补偿。
		II	$800\sim$ $1\,700\ ℃$	$0.005\times|t|$	

4. 热电偶的结构形式

　　为了适应不同生产对象的测温要求和条件，热电偶的结构形式有普通型热电偶、铠装型热电偶和薄膜热电偶等，如图 3-1-12 所示。

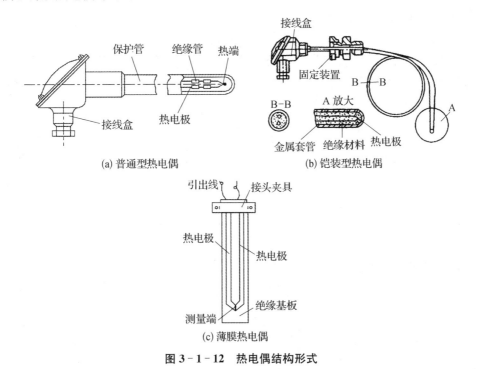

(a) 普通型热电偶　　(b) 铠装型热电偶

(c) 薄膜热电偶

图 3-1-12　热电偶结构形式

　　普通型结构热电偶工业上使用最多,它一般由热电极、绝缘套管、保护管和接线盒组成。普通型热电偶按其安装时的连接形式可分为固定螺纹连接、固定法兰连接、活动法兰连接、无固定装置等多种形式。

　　铠装型热电偶又称套管热电偶。它是由热电偶丝、绝缘材料和金属套管三者经拉伸加工而成的坚实组合体。它可以做得很细很长,使用中随需要能任意弯曲。铠装型热电偶的主要优点是测温端热容量小,动态响应快,机械强度高,挠性好,可安装在结构复杂的装置上。

　　薄膜热电偶是由两种薄膜热电极材料用真空蒸镀、化学涂层等办法蒸镀到绝缘基板上而制成的一种特殊热电偶。薄膜热电偶的热接点可以做得很小($0.01\sim0.1~\mu m$),具有热容量小、反应速度快等特点,热响应时间达到微秒级,适用于微小面积上的表面温度以及快速变化的动态温度测量。

　　5. 热电偶分度表

　　热电偶的热电动势与温度对应关系通常使用热电偶分度表来查询,分度表的编制是在冷端温度 0 ℃时进行的,利用分度表可查出 $E(T,0)$,即冷端温度 0 ℃时热端温度为 T 时回路热电动势。如表 3-1-2 和表 3-1-3 所示。

　　例子:

　　用 K 型热电偶测温度,冷端为 40 ℃,测得的热电势为 29.188(mV),求被测温度 T。

　　解:已知　$E(T,40)=29.188(\text{mV})$

　　查　$E(40,0)=1.611(\text{mV})$

　　故　$E(T,0)=29.188+1.611=30.799(\text{mV})$

　　查 K 型分度表得　$T=740$ ℃

表 3-1-2　(K 型)热电偶分度表

温度/℃	0	10	20	30	40	50	60	70	80	90
	K 型 热 电 动 势/mV									
−200	−5.981	−6.158	−6.158	−6.262	−6.344	−6.404	−6.441	−6.458		
−100	−3.553	−3.825	−4.138	−4.410	−4.669	−4.912	−5.144	−5.354	−5.550	−5.730
−0	0	−0.392	−0.777	−1.156	−1.527	−1.889	−2.243	−2.585	−2.290	−3.224
+0	0	0.397	0.798	1.203	1.611	2.022	2.463	2.850	3.266	3.681
100	4.095	4.058	4.919	5.327	5.733	6.137	6.539	6.939	7.338	7.737
200	8.137	8.537	8.938	9.341	9.745	10.151	10.560	10.969	11.381	11.790
300	12.027	12.923	13.039	13.456	13.874	14.292	14.712	15.132	15.552	15.974
400	16.395	16.395	17.241	17.664	18.088	18.513	18.938	19.363	19.788	20.214
500	20.640	20.640	21.493	21.919	22.346	22.772	23.198	23.624	24.050	24.476
600	24.902	24.902	25.751	26.176	26.599	27.022	27.445	27.867	28.288	28.709
700	29.128	29.128	29.965	30.383	30.799	31.214	31.659	32.042	32.455	32.866
800	33.277	33.277	34.095	34.502	34.909	35.314	35.718	36.121	36.524	36.925

温度/℃	0	10	20	30	40	50	60	70	80	90
	K 型 热 电 动 势/mV									
900	37.325	37.325	38.122	38.519	38.915	39.310	39.703	40.096	40.488	40.879
1 000	41.269	41.269	42.045	42.432	42.817	43.202	43.585	43.968	44.349	44.729
1 100	45.018	45.108	45.863	46.238	46.612	46.985	47.356	47.726	48.095	48.462
1 200	48.828	48.828	49.555	49.916	50.276	50.633	50.990	51.344	51.697	52.049
1 300	52.398	52.398	53.093	53.439	53.782	54.125	54.466	54.807		

表 3－1－3 （S 型）热电偶分度表

温度/℃	0	10	20	30	40	50	60	70	80	90
	S 型 热 电 动 势/mV									
0	0	0.055	0.113	0.173	0.235	0.299	0.365	0.432	0.502	0.573
100	0.645	0.719	0.795	0.872	0.95	1.029	1.109	1.19	1.273	1.356
200	1.44	1.525	1.611	1.698	1.785	1.873	1.962	2.051	2.141	2.232
300	2.323	2.414	2.506	2.599	2.692	2.786	2.88	2.974	3.069	3.164
400	3.26	3.356	3.452	3.549	3.645	3.743	3.84	3.938	4.036	4.135
500	4.234	4.333	4.432	4.532	4.632	4.732	4.832	4.933	5.034	5.136
600	5.237	5.339	5.442	5.544	5.648	5.751	5.855	5.96	6.055	6.169
700	6.274	6.38	6.486	6.592	6.699	6.805	6.913	7.02	7.128	7.236
800	7.345	7.454	7.563	7.672	7.782	7.892	8.003	8.114	8.255	8.336
900	8.448	8.56	8.673	8.786	8.899	9.012	9.126	9.24	9.355	9.47
1 000	9.585	9.7	9.816	9.932	10.048	10.165	10.282	10.4	10.517	10.635
1 100	10.754	10.872	10.991	11.11	11.229	11.348	11.467	11.587	11.707	11.827
1 200	11.947	12.067	12.188	12.308	12.429	12.55	12.671	12.792	12.912	13.034
1 300	13.155	13.397	13.397	13.519	13.64	13.761	13.883	14.004	14.125	14.247
1 400	14.368	14.61	14.61	14.731	14.852	14.973	15.094	15.215	15.336	15.456
1 500	15.576	15.697	15.817	15.937	16.057	16.176	16.296	16.415	16.534	16.653
1 600	16.771	16.89	17.008	17.125	17.243	17.36	17.477	17.594	17.711	17.826
1 700	17.942	18.056	18.17	18.282	18.394	18.504	18.612	—	—	—

五、热电偶传感器电路的仿真

热电偶传感器仿真电路如图 3－1－13 所示,mV 表在最左边的"虚拟仪器模式"中的"DC VOLTMETER"取出,默认是伏特表,须双击更改为 mV 表。该图假设冷端温度为 0 ℃,调节 K

型热电偶 TCK 至 0 ℃,TCK 输出电压应该是 0 mV,经运算放大器 OPA2340 放大,最后右边输出电压也为 0 mV,如果有少许电压,那是放大电路存在的零漂。

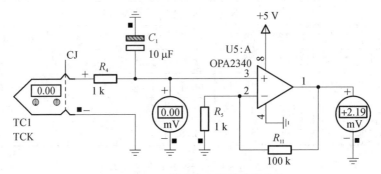

图 3-1-13　基本热电偶传感器仿真

调节 K 型热电偶 TCK 至 100 ℃,TCK 输出电压应该是 4.10 mV,运算放大器OPA2340电压放大倍数为(R_{11}/R_5+1)＝101 倍,最后输出电压为 414.1 mV 左右。

上图是右边冷端假设温度是 0 ℃时的结果,但在实际中冷端通常为环境温度,环境温度不太可能刚好 0 ℃,因此仿真时需要进行补偿,如图 3-1-14 所示。CJ 端为冷端补偿,例如左边热端温度 116 ℃,CJ 端冷端温度 20 ℃,热电动势为 4.773 84 mV,经 201 倍的 OPA2340 放大,最后输出约 0.96 V。输出端 AD0 接至 Arduino 的 ADC 转换并显示,如图 3-1-15 所示,调节 R_{V1} 可精准显示冷热端温度差值。

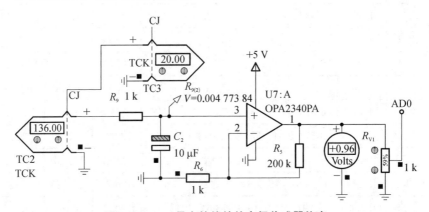

图 3-1-14　具有补偿的热电偶传感器仿真

Arduino 程序如下:

```
# include < Wire.h>
# include < Adafruit_GFX.h>        //OLED 显示屏头文件
# include < Adafruit_SSD1306.h>
# define OLED_RESET 4
Adafruit_SSD1306 display(OLED_RESET);
# define adPin A0                  //ADC 引脚
# define LOGO16_GLCD_HEIGHT 16
# define LOGO16_GLCD_WIDTH 16
```

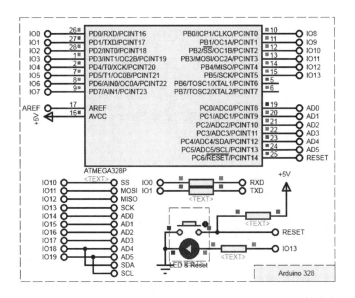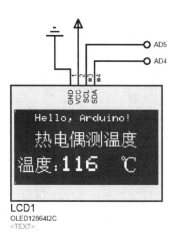

图 3-1-15　Arduino 的仿真显示

```
int Temper_shi,Temper_ge,Temper_bai;   //定义变量
int Temper;
/* - - - - - 显示文字一,把代码放入数组中- - - * /
static const uint8_t PROGMEM WEN_16x16[] = {0x00,0x00,0x23,0xF8,0x12,
   0x08,0x12,0x08,0x83,0xF8,0x42,0x08,0x42,0x08,0x13,0xF8, 0x10,0x00,
   0x27,0xFC,0xE4,0xA4,0x24,0xA4,0x24,0xA4,0x24,0xA4,0x2F,0xFE,0x00,
   0x00, }; "温"的字模
//其他显示文字字模省略
void Temper_CF()   //数据拆分
{
  Temper_bai= Temper/100;   //百位
  Temper_shi = Temper% 100/10;//十位
  Temper_ge= Temper% 10;     //个位
}
void setup()            //初始化
{
  Serial.begin(9600);
  delay(500);   // 0x3C 为 I2C 协议通信地址,需根据实际情况更改
  display.begin(SSD1306_SWITCHCAPVCC, 0x3C);
}
void loop()
{/* - - - - - - 点亮全屏检测屏幕是否有不正常点亮现象- - - - - - - - -
    - - - - * /
```

```
    display.fillScreen(WHITE);
    display.display();
    delay(100);
    while(1)
    {
      Temper = analogRead(adPin);      //ADC 转换,值给 Temper
      Temper_CF();                  //调用数据拆分子程序
      test_SSD1306();               //调用显示函数
    }}
void test_SSD1306(void)   //显示函数
{/* - - - - - - - - - - - - - - - - - - - - - - - - 显示英文数字- - -
- - - - - - - - - - - - - - - - - - - */
  display.clearDisplay();   // clears the screen and buffer
  display.setTextSize(1); //选择字号
  display.setTextColor(WHITE);   //字体颜色
  display.setCursor(16,0);    //起点坐标
  display.println("Hello, Arduino!");
  display.setTextSize(2);
display.drawBitmap(16,16, Rer_16x16,16,16,WHITE);   //热
  display.drawBitmap(32,16,Dian_16x16,16,16,WHITE); //电
  display.drawBitmap(48,16, Ou_16x16,16,16,WHITE); //偶
  display.drawBitmap(64,16,Che_16x16,16,16,WHITE); //测
  display.drawBitmap(80,16,WEN_16x16,16,16,WHITE); //温
  display.drawBitmap(96,16, DU_16x16,16,16,WHITE); //度
  display.drawBitmap(0,40, WEN_16x16,16,16,WHITE);
  display.drawBitmap(16,40,DU_16x16,16,16,WHITE);
  display.drawBitmap(32,40,MaoHao_16x16,16,16,WHITE); //冒号
  display.drawBitmap(96,40,SSD_16x16,16,16,WHITE);      //摄氏度单位
  display.setCursor(40,40);    //起点坐标
  display.print(Temper_shi);   //输出温度值
  display.print(Temper_ge);
  display.print(Temper_shu);
  display.display();
  delay(200);
  }
```

ADC 程序是"Temper＝analogRead(adPin);",读入 adPin(即 A0)脚的电压并 ADC 转换,然后是调用子数据拆分程序"Temper_CF()",把温度值拆分成百、十和个位数,最后调用显示程序"test_SSD1306();"。如要更改文字,只需更换字码即可。更改显示坐标即更改显示位置。

六、K 型热电偶模块 Arduino 测温实训项目

图 3-1-16 所示为 K 型热电偶模块,热电偶放大与数字转换器采用芯片 MAX6675,MAX6675 为 Maxim 公司推出的具有冷端补偿的专用芯片,芯片接口如图 3-1-17 所示。MAX6675 集成了热电偶放大器、冷端补偿、A/D 转换器及 SPI 串口,具有 0～1 024 ℃的测温范围,12 位 0.25 ℃的分辨率,芯片工作温度范围为－20～85 ℃。

MAX6675 引脚功能:GND/接地端,T－/K 型热电偶负极,T＋/K 型热电偶正极,VCC/正电源端,SCK/串行时钟,CS/片选,SO/串行数据,NC/空引脚。

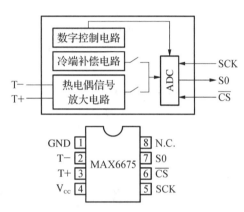

图 3-1-16　K 型热电偶模块　　　　图 3-1-17　MAX6675 引脚和结构

ADC 转换电路将热电偶信号 $E_{AB}(t,t_0)$ 与温度补偿电路的补偿信号 $E_{AB}(t_0,0)$ 相加后得到 $E_{AB}(t,0)$,再进行模拟量到数字量的转换,以 12 位串行方式从引脚 SO 上输出。当 12 位全为 0 时,说明被测温度为 0 ℃。12 位全为 1,则被测温度为 1 023.75 ℃。由于 MAX6675 内部经过了激光修正,转换的数字量与被测温度值之间具有较好的线性关系:

$$温度值＝1 023.75×转换后的数字量/4 095$$

Arduino 测温过程如下:

(1) 加载 MAX6675 库

使用 Arduino 运行 MAX6675 K 型热电偶模块非常简单,但须加载 MAX6675 库,地址为 https://github.com/YuriiSalimov/MAX6675_Thermocouple/releases。下载完之后解压,压缩包拷贝至安装路径"＊＊＊\Program Files（x86）\Arduino\libraries\"下面。再在 Arduino 界面上项目—加载库—添加 ZIP 库,指向刚才"＊＊＊\Program Files（x86）\Arduino\libraries\"下面的 MAX6675 压缩包。安装完成后,如图 3-1-18 所示,说明 MAX6675 加载了。

库加载完成后,即有自带的热电偶测温例子,如图 3-1-19 可打开例子,其程序如下:

```
# include < Thermocouple.h>              //库文件
# include < MAX6675_Thermocouple.h>    //库文件
# define SCK_PIN 3      //模块上的 SCK 口连接到 pin3
# define CS_PIN 4       // 模块上的 CS 口连接到 pin4
```

图 3-1-18 MAX6675 库安装完成

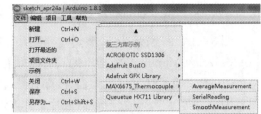
图 3-1-19 打开 MAX6675 示例

```
# define SO_PIN 5        // 模块上的 SO 口连接到 pin5
Thermocouple*  thermocouple;
// the setup function runs once when you press reset or power the board
void setup() {
    Serial.begin(9600);
    thermocouple =  new MAX6675_Thermocouple(SCK_PIN, CS_PIN, SO_PIN);
        //通信引脚
}
void loop() {
    const double celsius =  thermocouple- > readCelsius();// 摄氏度
    const double kelvin =  thermocouple- > readKelvin();// 开尔文温度
    const double fahrenheit =  thermocouple- > readFahrenheit();
// 华氏温度
    // Output of information
    Serial.print("Temperature: ");
    Serial.print(celsius);
    Serial.print(" C, ");
    Serial.print(kelvin);
    Serial.print(" K, ");
    Serial.print(fahrenheit);
    Serial.println(" F");
    delay(500); // optionally, only to delay the output of information in
the example.
    }
```

K 型热电偶模块与 Arduino 连接加载程序后,打开电脑串口:菜单—工具—串口监视器,显示温度如图 3-1-20 所示。

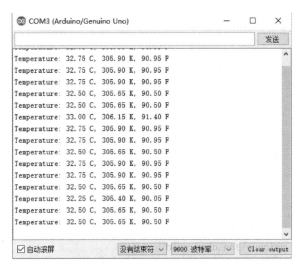

图 3 - 1 - 20　串口显示热电偶温度

七、拓展知识——MLX90614 系列红外测温模块应用

MLX90614 系列模块是一组通用的红外测温模块,具有极低噪声放大器和 17 位 ADC。它可以为温度计提供高精度和高分辨率。在出厂前该模块已进行校验及线性化,具有非接触、体积小、精度高,成本低等优点。被测目标温度和环境温度能通过单通道输出,并有两种输出接口,适合于汽车空调、室内暖气、家用电器、手持设备以及医疗设备应用等。其测温原理是物体红外辐射能量的大小和波长的分布与其表面温度关系密切。因此,通过对物体自身红外辐射的测量,能准确地确定其表面温度。红外测温器由光学系统、光电探测器、信号放大器和信号处理及输出等部分组成。光学系统汇聚其视场内的目标红外辐射能量,视场的大小由测温仪的光学零件及其位置确定。红外能量聚焦在光电探测器上并转变为相应的电信号。该信号经过放大器和信号处理电路,并按照仪器内的算法和目标发射率校正后转变为被测目标的温度值。模块实物如图 3 - 1 - 21 所示。

图 3 - 1 - 21　MLX90614 模块

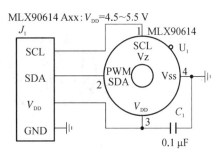

图 3 - 1 - 22　MLX90614 接线

PWM/SDA 脚上的数据在 SCL 变为低电平 300ns 后即可改变,数据在 SCL 的上升沿被捕获。MLX90614 上读出的数据是 16 位的,由高 8 位(DataH)和低 8 位(DataL)两部分组成,数据范围从 0x27AD 到 0x7FFF,表示的温度范围是－70.01～382.19 ℃。

在 Arduino 系统里加载 MLX90614 的库文件，来源：https://www.adafruit.com/product/1748。打开示例，Arduino 程序如下：

```
# include < Wire.h>
# include < Adafruit_MLX90614.h>    //加载 MLX90614 的头文件
Adafruit_MLX90614 mlx = Adafruit_MLX90614();
void setup() {
  Serial.begin(9600);    //Arduino 板通过串口传回电脑的波特率
  Serial.println("Adafruit MLX90614 test");
  //传回"Adafruit MLX90614 test"的字符
  mlx.begin();    // 调用 MLX90614 初始化函数
}
void loop() {
  Serial.print("Ambient = ");   //传回" Ambient = "的字符
  Serial.print(mlx.readAmbientTempC()); //传回读取的环境的温度值
  Serial.print("* C\\tObject = ");
  Serial.print(mlx.readObjectTempC());   //传回读取的被测物体的温度值
  Serial.println("* C");
  Serial.print("Ambient = ");
  Serial.print(mlx.readAmbientTempF());
  Serial.print("* F\\tObject = ");
  Serial.print(mlx.readObjectTempF()); Serial.println("* F");
  Serial.println();    //换行
  delay(500);    //延时
}
```

需要注意的是上述程序并没有说明 MLX90614 模块接至 Arduino 板的哪脚，因为 MLX90614 通信方式为 I^2C 方式，Arduino 板上已有专用 I^2C 通信方式的引脚，找到 Arduino 板上 SCL 和 SDA 引脚对应接入即可，如图 3-1-23 所示。

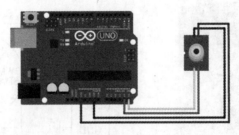

图 3-1-23 Arduino 与 MLX90614 连线

微信扫码见本节
仿真电路图与程序代码

3.2　压力传感器与应用

一、教学目标

终极目标:会使用压力传感器,理解应变片测量压力的工作原理。

促成目标:

1. 掌握应变片与压力的物理量关系。

2. 正确分析应变片的测量原理,压力传感器基本结构。

3. 会仿真压力传感器电路。

4. 会制作典型电子秤产品电路。

二、工作任务

工作任务:分析电子秤产品电路的组成、原理及各部分的关系,并掌握其制作方法。

常规压力传感器的核心器件是应变片,如图 3-2-1 所示,应变片可由电阻率较大、温度系数稳定的康铜丝压制成,为增大灵敏度,康铜丝在基片上多次折绕,增加了康铜丝的总长度。为使用方便,电阻应变片的电阻常固定为几种,如:60 Ω、120 Ω、350 Ω、1 kΩ。

图 3-2-1　电阻应变片

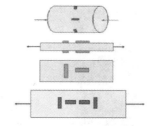

图 3-2-2　电阻应变片应用贴法

电阻应变片应用时,可按被测物体所受压力或拉力的方向轴线上贴,如图 3-2-2 所示,当物体承受压力或拉力时,物体发生形变,压缩或拉长了电阻应变片,使其电阻发生变化。

常用的称重电子秤,也可用应变片称重,不过需先把应变片粘贴在铝合金、不锈钢或合金钢等的横梁上,构成悬臂梁称重传感器,如图 3-2-3 所示。

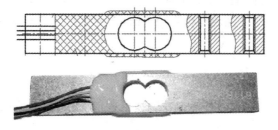

图 3-2-3　悬臂梁称重传感器

悬臂梁称重传感器应用时,一端是固定的,另一端承受物重,中间孔的对应悬臂的上下面贴有电阻应变片,称重时,上下表面的电阻应变片的阻值分别增大和减小。由于悬臂梁承重时,电阻应变片的阻值实际变化比较小,对应引起电路的电压输出变化也较小,如果需数字显示重量,则还需信号放大器,ADC转换,再经单片机和显示,如图3-2-4和图3-2-5所示。

图3-2-4　实验用电子秤测量部分套件

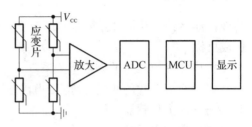

图3-2-5　电子秤基本组成框图

三、实践知识

电阻应变片的电阻通常固定为几种,万用表测量如图3-2-6所示,可在电阻应变片引线上直接测量,测量时须要注意表笔不能戳在焊点或电阻丝上,容易戳坏焊点和电阻丝。

图3-2-6　万用表测电阻应变片

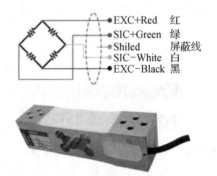

图3-2-7　称重传感器引线图

把四片阻值相同的电阻应变片粘贴在悬臂梁上,构成桥式,当悬臂梁受力时,四个电阻应变片的电阻值对应变化,上悬臂梁的两个电阻应变片的电阻值受拉伸而变大,下悬臂梁的两个电阻应变片受压缩则变小。用万用表测量时,除屏蔽线外的四根引线间的电阻值应该是相等的,不过,受力后电阻值虽变化但通常变化量是很小的。

悬臂梁受力时要注意,不能超过称重额定值,否则悬臂梁永久损坏,实际应用时,需要在弯曲下面设置支撑限位。

四、理论知识

电阻式传感器的基本原理是将压力转换成电阻的变化量,再通过电阻分压电路或电阻电桥电路转换成电压输出。

1. 基本原理

应变片式传感器是利用应变效应工作的。应变片式传感器由应变片和电桥等组成。电阻应变片粘贴在弹性敏感元件或被测弹性构件上,把弹性元件或构件的应变转换成电阻的变化,再通过电桥把电阻变化转换成电压输出。

取一段金属丝,如图 3－2－8 所示,当金属丝未受力时,原始电阻值为:

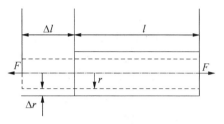

$$R_0 = \frac{\rho l}{A_0} \qquad (3-2-1)$$

图 3－2－8　金属电阻丝的应变效应

式中:ρ——电阻丝的电阻率;

　　　l——电阻丝的长度;

　　　A_0——电阻丝的截面积。

当电阻丝受到轴向的拉力 F 作用时,假设被伸长微变 dl,横截面积则相应微变减小 dA,电阻率因材料晶格发生变形等因素影响而微变了 $d\rho$,则电阻值相对变化为:

$$\frac{dR}{R} = \frac{dl}{l} - \frac{dA}{A} + \frac{d\rho}{\rho} \qquad (3-2-2)$$

式中:dl/l——长度相对变化量,设 $\varepsilon = dl/l$,ε 称为金属电阻丝的轴向应变,对于圆形截面金属电阻丝,截面积 $A = \pi r^2$,则:

$$\frac{dA}{A} = 2\frac{dr}{r} \quad 即 \frac{dr}{r} = \frac{dA}{2A} \qquad (3-2-3)$$

式中:dr/r——金属电阻丝的径向应变。在弹性范围内,当金属丝受到轴向的拉力时,将沿轴向伸长,沿径向缩短。轴向应变和径向应变的关系可以表示为:

$$\frac{dr}{r} = \frac{dA}{2A} = -\mu\frac{dl}{l} = -\mu\varepsilon \qquad (3-2-4)$$

式中:μ——电阻丝材料的泊松比,负号表示应变方向相反。

2. 电阻应变片的种类及材料

电阻应变片可分为金属型电阻应变片和半导体型应变片两大基本分类。金属型电阻应变片又分为丝式应变片、箔式应变片、薄膜式等形式应变片。半导体应变片的灵敏系数比金属丝高 50～80 倍,但缺点是温度系数大,有非线性特性,应用范围受到一定的限制。应变片的核心部分是敏感栅,它粘贴在绝缘的基片上,在基片上再粘贴起保护作用的覆盖层,两端焊接引出导线,如图 3－2－9 所示。

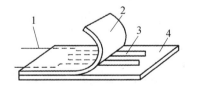

图 3－2－9　金属电阻应变片

丝式的金属电阻应变片的敏感栅由直径为 0.01～0.05 mm 的电阻丝平行排列而成。箔式的金属电阻应变片是利用光刻、腐蚀等工艺制成的一种很薄的金属箔栅,其厚度一般为

0.003～0.01 mm,可制成各种形状的敏感栅,其优点是表面积和截面积之比大,散热性能好,允许通过的电流较大。敏感栅电阻丝的形状决定了应变敏感受力方向,可单向、双向和全向等多种,由实际需求而定。

对电阻丝材料的基本要求如下:

(1) 灵敏系数应在较大范围内应为一个常数,电阻变化与受力呈线性关系;

(2) 电阻率要大,电阻丝的截面即可以大一些,以加强机械强度;

(3) 良好的热稳定性,电阻温度系数小,有良好的耐高温抗氧化性能;

(4) 容易焊接,与其他金属的接触电动势小;

(5) 机械强度高,具有优良的机械加工性能。

制造应变片敏感元件的材料常用的是康铜(含45%的镍、55%的铜),其具有灵敏系数稳定性好,在弹性变形范围内能保持为常数;电阻温度系数较小且稳定,加工性能好,易焊接。其他材料还有铜镍合金、镍铬合金、铁铬铝合金、铁镍铬合金和贵金属等。

半导体应变片主要是利用硅半导体材料的压阻效应而制成的。如果在半导体晶体上施加作用力,晶体除产生应变外,其电阻率会发生变化。这种由外力引起半导体材料电阻率变化的现象称为半导体的压阻效应。半导体应变片是直接用单晶锗或单晶硅等半导体材料进行切割、研磨、切条、焊引线、粘贴一系列工艺制作过程完成的,它的结构如图3-2-10所示。与金属电阻应变片相比,半导体应变片的灵敏系数更高。

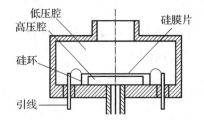

图 3 - 2 - 10　压阻式压力传感器

压阻式传感器的应用很广泛。例如,用于测量直升机机翼的气流压力分布,测试发动机进气口的动态畸变、叶栅的脉动压力和机翼的抖动等。在生物医学方面,压阻式传感器也能测量心血管、颅内和眼球内等压力。

3. 电阻应变片压力传感器测量电路

电阻应变片粘贴在物体上,物体受力产生形变,电阻应变片即跟随物体一起拉长或压缩,但机械应变一般都很小,要把微小应变引起的微小电阻变化测量出来,同时须把电阻相对变化 $\Delta R/R$ 转换为电压或电流的变化。因此,要有专用测量应变片电阻变化引起的电压或电流变化的电路,通常采用直流电桥或交流电桥。

(1) 单臂测量电桥

设 R_4 为电阻应变片,R_1、R_2 和 R_3 为电桥固定电阻,这就构成了单臂电桥,如图3-2-11所示。应变片工作产生应变时,若应变片电阻变化为 ΔR_4,其他桥臂固定不变,电桥失去平衡,电桥输出电压 $U_o \neq 0$。

电桥不平衡输出电压为:

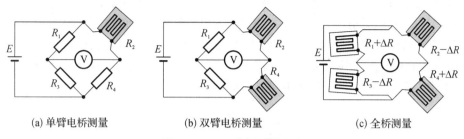

(a) 单臂电桥测量　　　　　(b) 双臂电桥测量　　　　　(c) 全桥测量

图 3 - 2 - 11　电桥测量电路

$$U_\text{o} = \frac{R_2 R_3 - R_1 R_4}{(R_2 + R_4)(R_1 + R_3)} E \tag{3-2-5}$$

R_2 为应变片,初始未应变时,设 R_1、R_2、R_3 和 R_4 均为 R,则 $R_2 = R + \Delta R$,ΔR 为 R_2 的电阻变化量,则上式变为:

$$U_\text{o} = \frac{R_2 - R}{4R} E = \frac{R + \Delta R - R}{4R} E = \frac{\Delta R}{4R} E \tag{3-2-6}$$

上式表明电桥输出电压与电阻变化呈线性关系,但该式存在除以 4,则单臂电桥测量灵敏并不高。

(2) 双臂测量电桥

双臂测量电桥,也叫半桥差动电路,两个电阻应变片分别粘贴在悬臂梁的上下表面上,一片受压力,另一片受拉力,电阻变化相等,接入相邻桥臂图 3 - 2 - 11(b)所示,电桥输出电压为:

$$U_\text{o} = \frac{2\Delta R R_3}{(R_2 + \Delta R + R_4 - \Delta R)(R_1 + R_3)} E \tag{3-2-7}$$

因 R_1、R_2、R_3 和 R_4 均为 R,则:

$$U_\text{o} = \frac{\Delta R}{2R} E \tag{3-2-8}$$

双臂测量电桥相比单臂测量电桥,灵敏增大至两倍。

(3) 全桥测量电路

全桥测量电路是把四个电阻应变片两两分别粘贴在悬臂梁的上下表面上,例如:R_1、R_4 贴在下表面,R_2 和 R_3 贴在上表面,电桥输出电压为:

$$U_\text{o} = \frac{\Delta R}{R} E \tag{3-2-9}$$

显然全桥测量电路的灵敏度最高,灵敏度是单臂电桥的四倍,如果四个电阻应变片的特性相同,还可自动消除了非线性误差。

4. 电桥信号放大电路

前述三种电桥实际输出的电压实际仍比较小,一般还需进一步放大信号,采用专用仪表放大电路是比较常用的方法,也能更好消除共模信号,如图 3 - 2 - 12 所示。

运放 A_1、A_2 为同相差分输入方式,同相输入可以大幅度提高电路的输入阻抗,减小电路对微弱输入信号的衰减;差分输入可以使电路只对差模信号放大,而对共模输入信号只起跟随作用,使得送到后级的差模信号与共模抑制比 CMRR 得到提高。在以运放 A_3 为核心部件组成的差分放大电路中,在 CMRR 要求不变情况下,可明显降低对电阻的精度匹配要求,从而使仪表放大器电路比简单的差分放大电路具有更好的共模抑制能力。电路的增益为:

$$u_o = \frac{R_1}{R_2}\left(1 + \frac{2R_f}{R_G}\right)(u_1 - u_2) \tag{3-2-10}$$

由上式可见,电路增益的调节可以通过改变 R_G 阻值实现。

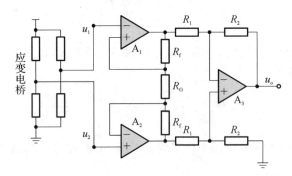

图 3-2-12　仪表放大电路

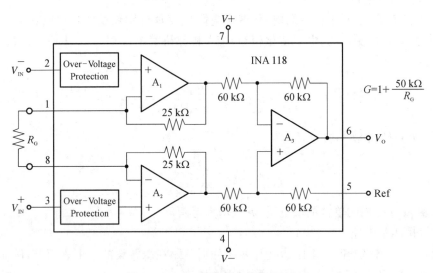

图 3-2-13　仪表放大芯片 INA118

实际应用时,图 3-2-12 中的运算放大器须选用精密型、低零漂类型。为降低电路设计复杂度,常把图 3-2-12 所示仪表放大集成在一个芯片内,如图 3-2-13 所示的芯片 INA118。

五、压力传感器的仿真

MPX4115 是一款飞思卡尔的压力传感器件,为一种硅压力传感器,属于半导体应变型。可设计用于感测海拔高度计中的气压计应用。其传感器集成在芯片上,双极运算放大器电路和薄膜电阻网络,以提供高标准模拟输出信号和温度补偿。小巧的外形和片上集成的高可靠性使该传感器成为应用程序设计人员的经济选择。模拟输出信号对应压力。在 0～85 ℃的温度下误差不超过 1.5%,温度补偿是－40～125 ℃。仿真元件和实物如图 3－2－14 所示。

图 3－2－14　MPX4115 压力传感器件

管脚 1 输出测量压力得到的电压,管脚 2 接地,管脚 3 常接 5 V 工作电压,管脚 4、5、6 可以悬空,如图 3－2－15 所示,横坐标为压力(kPa),纵坐标电压值(V),V_S 指工作电压。

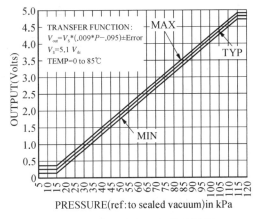

图 3－2－15　MPX4115 输出特性

由图可知,压力测量范围为 15～115 kPa,在测量范围内,压力与输出电压大致呈线性关系,公式如下:

$$U_\mathrm{o}=U_\mathrm{S}\times(0.009P-0.095)\pm\mathrm{Error} \tag{3-2-11}$$

上式中 U_o 为 1 脚输出模拟量电压,U_S 为电源电压,P 为所受压强,Error 为补偿,因此 MPX4115 可用于测量气体压强。

Arduino 单片机测量气体压强仿真电路如图 3－2－16 所示,其芯片为 Arduino 328,压力传感器件 MPX4115 输出的模拟电压送至 AD0 脚进行 ADC 转换,由图 3－2－15 可知,当压强为 100.0 kPa 时,模拟输出电压约 4.1 V,经 10 位 ADC 转换后,得到数字值为(4.1/5)＊1 024＝839,但现在实际的压强为 100.0 kPa,因此要把 839 的数字值经折算,变成 1 000,即乘以的系数为 1 000/839＝1.192,可取 1.25,再通过电压器 R_{V1} 精准调节至 1 000,最后人为插入小数点,即可显示 100.0,这样测量值与设置气压值相同了。

Arduino 程序如下:

```
# include < Wire.h>
```

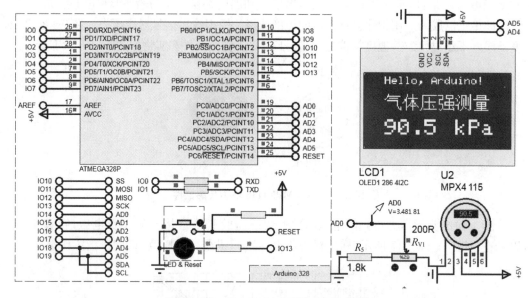

图 3-2-16 MPX4115 的 Arduino 仿真

```
# include < Adafruit_GFX.h>            //OLED 屏的头文件
# include < Adafruit_SSD1306.h>
# define OLED_RESET 4
Adafruit_SSD1306 display(OLED_RESET);
# define adPin A0                      //ADC 引脚
# define LOGO16_GLCD_HEIGHT 16
# define LOGO16_GLCD_WIDTH  16
int   YaQiang, YaQiang_shi,YaQiang_ge,YaQiang_shu;   //定义变量
/* - - - - - 显示文字一,把代码放入数组中- - - * /
static const uint8_t PROGMEM Qi_16x16[] = {0x10,0x00,0x10,0x00,0x3F,
  0xFC,0x20,0x00,0x4F,0xF0,0x80,0x00,0x3F,0xF0,0x00,0x10,0x00,0x10,
  0x00,0x10,0x00,0x10,0x00,0x10,0x00,0x0A,0x00,0x0A,0x00,0x06,0x00,
  0x02,};   /* "气"的字模
//其他字模略
void YaQiang_CF()   //数据拆分
{
  YaQiang_shi= YaQiang/100;
  YaQiang_ge = YaQiang% 100/10;
  YaQiang_shu= YaQiang% 10;
}
void setup()          //初始化
{
  Serial.begin(9600);
```

```
    delay(100);
    display.begin(SSD1306_SWITCHCAPVCC, 0x3C);
    //0x3C 为 I2C 协议通信地址,需根据实际情况更改
}
void loop()
{/* - - - - - - - - - - - - - - - - - 点亮全屏检测屏幕是否有不正常点亮现象
  - - - - - - - - - - - - - - - - - - - - - - * /
    display.fillScreen(WHITE);
    display.display();
    delay(100);
    while(1)
     {
      YaQiang = 1.25*  analogRead(adPin);     //ADC 转换并折算
      YaQiang_CF();          //压强数据拆分
      test_SSD1306();        //调用测试函数 显示
     }
}
void test_SSD1306(void)   //测试函数
{  /* - - - - - - - - - - - - - - - - - - - - - - - - 显示英文数字- -
   - - - - - - - - - - - - - - - - - - - - * /
    display.clearDisplay();   // clears the screen and buffer
    display.setTextSize(1);   //选择字号
    display.setTextColor(WHITE);   //字体颜色
    display.setCursor(16,0);   //起点坐标
    display.println("Hello, Arduino!");
    display.setTextSize(2);
    display.drawBitmap(16,16,Qi_16x16,16,16,WHITE);   //气
    display.drawBitmap(32,16,Ti_16x16,16,16,WHITE);   //体
    display.drawBitmap(48,16,Ya_16x16,16,16,WHITE);   //压
    display.drawBitmap(64,16,Qiang_16x16,16,16,WHITE); //强
    display.drawBitmap(80,16,Che_16x16,16,16,WHITE);   //测
    display.drawBitmap(96,16,Liang_16x16,16,16,WHITE); //量
//括号里面存放的依次是 起点坐标(0,48),
//Strong_16x16,显示区域大小(16 *  16),颜色
    display.setCursor(80,40);   //起点坐标
    display.print("kPa");       //单位
    display.setCursor(16,40);   //起点坐标
    display.print(YaQiang_shi); //十位  显示压强值
    display.print(YaQiang_ge);  //个位
```

```
display.print(".");              //人为插入小数点
display.print(YaQiang_shu);      //小数位
display.display();
delay(100);
}
```

在程序中关键的一句是"YaQiang ＝1.25 ＊ analogRead(adPin)；"，其中"analogRead(adPin)"为 ADC 转换，"adPin"是 ADC 转换应用哪一脚，由前面定义"♯define adPin A0"可知 ADC 应用 Arduino 的 A0 引脚。至于"analogRead(adPin)"如何详细执行，则须进入 Arduino 自带的 ADC 库函数才能知道，初学者可暂时不用关心，会调用"analogRead(adPin)"即可。1.25 为折算倍率，倍率是由 MPX4115 输出特性决定的，不合适的折算倍率会使测量显示值偏大或偏小。

六、制作电子秤实训项目

1. 称重基本原理电路制作

电路参照如图 3-2-17 所示的仿真电路制作，LC_1 为称重传感器构成的电桥，其左边毫伏电压表测量称重电桥输出的电压，电桥模拟称重时每调整加减数字 1，电桥输出电压改变 0.1 mV。

AD620 为一款低成本、高精度仪表放大器，仅需要一个外部电阻来设置增益，增益范围为 1～10 000，增益 $G=49.9k/R_1+1$，图 3-2-17 中 G 约为 100。AD620 采用 8 引脚 SOIC 和 DIP 封装，尺寸小于分立电路设计，最大工作电流仅 1.3 mA，适合电池供电及便携式应用。AD620 具有高精度、低失调电压(最大 50 μV)和低失调漂移(最大 0.6 $\mu V/℃$)特性，较适合电子秤和传感器接口等精密数据采集系统。AD620 内部类似于图 3-2-13 所示仪表放大电路。

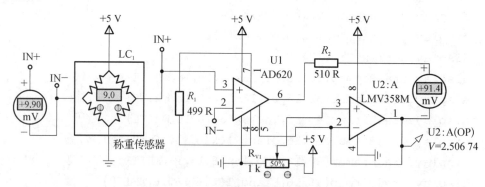

图 3-2-17 称重基本原理仿真制作电路

图 3-2-17 中称重传感器用图 3-2-4 中的实验套件，以方便操作。AD620 可单电源和双电源使用。单电源使用会更方便，其 AD620 的 5 基准电压脚 REF 须增加一定偏置电压，例如 1.5～2.5 V，其后面的 LMV358 为跟随器，双电源使用时脚 REF 接地即可。称重为零时，LMV358 输出电压应与 REF 脚相等，也为 1.5～2.5 V。最后称重结果为 AD620 和 LMV358 两个输出之差，该输出如接指针式或数字式表头，即可作为简单的称重仪器使用。

2. 电子秤的制作

实用中的电子秤通常还需 ADC 转换，即电桥信号经放大后，输出再经 ADC，送至单片机处理显示，在单片机程序中加入去皮和单价，可完成较完整的电子秤功能。电桥信号放大和 ADC 可由常用的专用芯片 HX711 实现。注意：用不适当的电路或不合理的程序制作电子秤，会"缺斤少两"，实用中这是不允许的，须认真核准。

HX711 为内置信号放大的 24 位有符号差分 ADC 转换模块。它内置了最大 128 倍增益，能够把微小的信号（几 mV）进行量化。HX711 有 2 路通道（A 通道与 B 通道），通信过程简单，采样率比较低（10 Hz/80 Hz），广泛应用于电子秤等使用应变片进行压力或拉力测量场所。其内部电路框图和应用如图 3-2-18 所示，实物如图 3-2-19 所示。

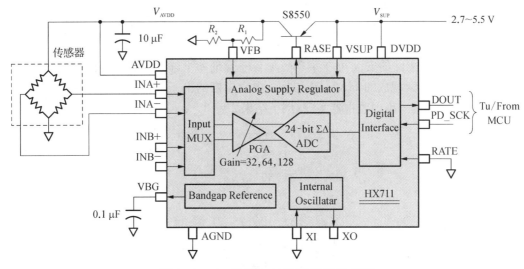

图 3-2-18　HX711 内部电路框图和应用

传感器电桥供电采用恒流，由 HX711 内部和三极管 S8550 控制和提供，右边只有两根信号，DOUT 数据和 SCK 时钟，应用非常简单。

图 3-2-19　HX711 模块实物

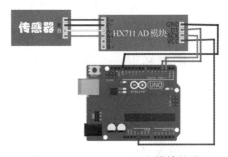

图 3-2-20　Arduino 和模块接线

Arduino 使用如图 3-2-20 所示，传感器的红黑线为电源，接至 HX711 模块的 E＋和 E－，白绿线为电桥应变电压输出，接至 HX711 模块的 A－和 A＋，B－和 B＋空余。HX711 的 DOUT 和 SCK 接 Arduino 开发板的数字 IO 口，可选 IO2～IO13 的引脚，注意要与 Arduino 程序中的引脚定义相同。

HX711 模块库文件自带的 Arduino 程序如下，非常简单。

```
# include < HX711.h>  // 包含库的头文件
HX711 hx(2, 3);      // 数据接脚定义
void setup() {
  Serial.begin(9600);         //通过串口传回计算机的数据波特率
  }
void loop()
{
  double sum = 0;    // 为了减小误差,一次取出 10 个值后求平均值。
  for(int i = 0; i < 10; i++ ) // 循环的越多精度越高,当然耗费的时间也越多
  sum + = hx.read();    // 累加 10 次
  Serial.println(sum/10); // 求 10 的平均值进行均差,并通过串口传回计算机
}
```

HX711.h 的头文件的安装可在菜单—项目—管理库上输入 HX711,自动搜索手动安装,也可以用网上搜索现成的 HX711 库文件,内含自带的例子程序。串口传回计算机的数据可通过菜单—工具—串中监视器实现,例子结果如图 3-2-21 所示。

01.	1315588.75
02.	1315597.75
03.	1315607.37
04.	1315606.75
05.	1315604.75
06.	1315589.62
07.	1315579.62

图 3-2-21　称重通过串口传回计算机的数据

图 3-2-21 所示数据是没有去皮的原始的检测数据,有兴趣的读者可以参考网上的去皮和计算价格的完整程序。

七、拓展知识——压电式传感器

某些电介质材料(如石英晶体或压电陶瓷),在该介质材料的一定方向上受到外力(压力或拉力)作用而变形时,在其表面上产生电荷的现象,称为压电效应。在介质材料的产生电荷的表面上镀上导电层,再引出引线,即可制成压电式传感器。压电式传感器具有体积小、重量轻、频带宽等特点,适用于对各种动态力、机械冲击与振动的测量,广泛应用在力学、声学、医学等方面。

压电式传感器是一种无源传感器,受外力产生电荷的现象后,如外力去掉后,又回到不带电状态,这种将机械能转换成电能的现象,称为正向压电效应。反之,当这种电介质材料的相应表面上施加电压后,电介质材料又会发生机械变形;去掉电压后,变形立即消失,它将电能转换成机械能,具有逆压电效应,也称电致伸缩效应。

图 3-2-22 所示为石英晶体的压电效应原理。石英晶体是典型的压电晶体,化学式为 SiO_2,为单晶体结构。天然结构的石英晶体外形是一个正六面体。当石英晶体未受外力作用时,正、负离子正好分布在正六边形的顶角上,形成三个互成 120°夹角,呈对称分布。

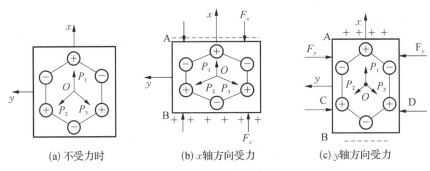

(a) 不受力时　　　　(b) x 轴方向受力　　　　(c) y 轴方向受力

图 3-2-22　压电效应原理

晶体表面不产生电荷,即呈中性。当石英晶体受到沿 x 轴方向的压力作用时,晶体沿 x 方向将产生压缩变形,正负离子的相对位置也随之变动。如图 3-2-22(b)所示,负电荷靠近上表面呈负极性,正电荷靠近下表面而呈正极性,从而出现压电效应。

压电陶瓷是人工制造的多晶体压电材料。材料内部的晶粒有许多自发极化的电畴,它有一定的极化方向,从而存在电场。在无外电场作用时,电畴在晶体中是杂乱分布的,各电畴的极化效应相互抵消,压电陶瓷呈中性。但当在陶瓷上施加一定的外电场时电畴的极化方向发生转动,趋向于按外电场方向的排列,从而使材料得到极化,产生压电效应,如图 3-2-23所示。

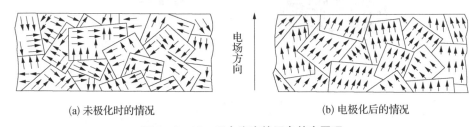

(a) 未极化时的情况　　　　　　　　(b) 电极化后的情况

图 3-2-23　压电陶瓷的压电效应原理

利用压电效应,可制作晶体振荡器,用于产生比较准备的时钟信号,利用压电陶瓷可制成蜂鸣器,如图 3-2-24 所示。

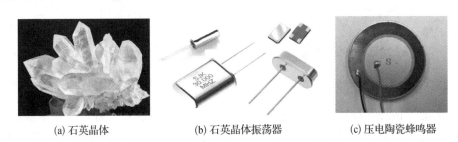

(a) 石英晶体　　　　(b) 石英晶体振荡器　　　　(c) 压电陶瓷蜂鸣器

图 3-2-24　石英和利用压电效应的产品

3.3 霍尔传感器与应用

微信扫码见本节
仿真电路图与程序代码

一、教学目标

终极目标:会使用霍尔传感器,理解霍尔传感器的工作原理。

促成目标:

1. 掌握霍尔传感器在各种场合中的常见应用。

2. 能正确分析霍尔效应,掌握霍尔传感器电路的组成。

3. 会仿真霍尔传感器电路。

4. 会制作典型霍尔传感器产品电路。

二、工作任务

工作任务:分析霍尔接近开关的组成、原理及各部分的关系,并掌握其应用。

霍尔传感器是根据霍尔效应制作成的一种磁场传感器。霍尔效应是磁场产生电效应的一种,利用该现象制成的各种霍尔传感器产品,现已广泛地应用于工业自动化技术、检测技术及信息处理等方面。

霍尔传感器元件如图 3-3-1 所示,制作成霍尔接近开关产品如图 3-3-2 所示。

(a) SOT-89 封装贴片霍尔元件　　　　(b) SOT-92 封装直插霍尔元件

图 3-3-1　霍尔元件

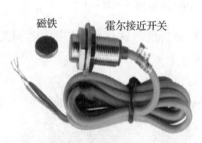
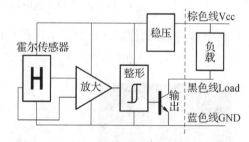

图 3-3-2　霍尔接近开关实物　　　**图 3-3-3　NPN 型霍尔接近开关内部框图**

通常情况下,磁铁或磁场靠近霍尔传感器元件时,霍尔传感器元件产生磁电效应而感应输出的电压是比较小的,还须进一步放大和处理,如图 3-3-3 所示为其内部电路框图,主要由霍尔元件、放大电路、整形电路、输出电路和稳压电路等五部分组成。负载可以是指示灯、继电器或 PLC 输入端等。

例如:当 N 磁极靠近霍尔传感器(双极型)时,其感应的电压经放大后,输出电压上升,反之 S 极磁极靠近时,输出电压下降,该放大的电压送至施密特整形电路。当电压上升至上限值时,施密特整形电路输出高电平,输出 NPN 三极管导通,负载通电,同理当电压下降至下限值时,施密特整形电路输出低电平,输出 NPN 三极管截止,负载断电。

比较常见的霍尔接近开关的供电电压范围一般是比较宽的,例如 9～36 V,因此小信号电路必须要进行稳压。

三、实践知识

NPN 型和 PNP 型霍尔接近开关的简单测试如图 3-3-4 和图 3-3-5 所示,棕色线为正极,蓝色线为 0 V,黑色线为信号输出。当磁铁靠近时 NPN 霍尔接近开关的指示灯亮,NPN 型的黑色线内部与蓝色线导通,黑色线为吸入电流,LED 发光,磁铁远离时,LED 熄灭。而当磁铁靠近时 PNP 霍尔接近开关的指示灯亮,PNP 型的黑色线内部与棕色线导通,黑色线为输出电流,LED 发光,同样磁铁远离时,LED 熄灭。因此 NPN 传感器负载要接正极,PNP 传感器负载则接 0 V。

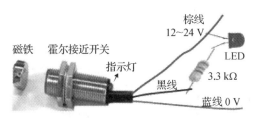
图 3-3-4　NPN 型霍尔接近开关测试

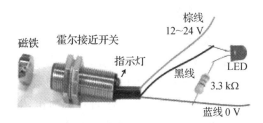
图 3-3-5　PNP 型霍尔接近开关测试

NPN 型霍尔接近开关继电器测试如图 3-3-6 和图 3-3-7 所示,磁铁靠近霍尔接近开关时,继电器线圈有吸合动作,并且 24 V 指示灯亮。继电器线圈吸合电流通常可达几十毫安,磁铁靠近霍尔接近开关而动作时,要求霍尔接近开关的允许吸入电流必须大于继电器线圈的吸合电流,否则霍尔接近开关将驱动不了继电器。

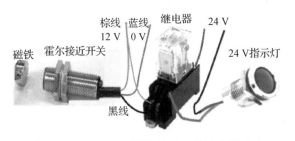
图 3-3-6　NPN 型霍尔接近开关继电器测试

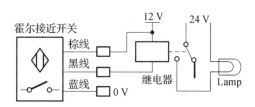
图 3-3-7　继电器负载测试原理图

磁铁每靠近霍尔传感器,霍尔传感器将感应输出一个脉冲,因此霍尔传感器也可测量电机的转速,如图 3-3-8 所示为自带霍尔编码器的直流电机,电机转动时,两个霍尔传感器将输出两个相差 90°的 A 方波和 B 方波,计数方波数再经折算,即可知道电机的转速,判断 A 信号和 B 信号的先后可判断电机的转向。

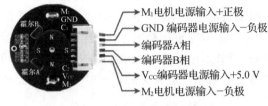

M₁电机电源输入+正极
GND 编码器电源输入−负极
编码器A相
编码器B相
V_{CC}编码器电源输入+5.0 V
M₂电机电源输入−负极

图 3-3-8 自带霍尔编码器的直流电机   图 3-3-9 测试原理图

单位时间内 A 信号或 B 信号的脉冲与电机转速和磁铁磁极对数有关,如下式:

$$n=\frac{M}{p}(\text{r/min}) \qquad (3-3-1)$$

式中:n——转速;

    p——磁极对数;

    M——每分钟输出脉冲数。

四、理论知识

1. 霍尔效应

置于磁场中的静止导体,当电流方向与磁场方向不同时,在导体电流的两侧面将会产生电动势,这种现象称为霍尔效应。该电动势称为霍尔电势。如图 3-3-10 所示,在垂直于外磁场 B 的方向上放置一导体,该导体通以电流 I,方向向左。金属导体中的电流是由金属中自由电子在电场作用下做定向运动产生。此时,每个电子在磁场又受的洛伦兹力 f_e 的作用,f_e 的大小为:

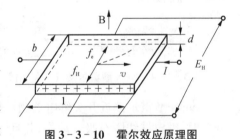

图 3-3-10 霍尔效应原理图

$$f_e=evB \qquad (3-3-2)$$

式中:e——电子电荷量;

    v——电子运动速度;

    B——磁感应强度。

电子除了沿电流反方向做定向运动外,还在 f_e 的作用下漂移,结果使金属导电板两侧面分别积累正负电荷,从而形成了附加内的电场 E_H,称为霍尔电场,该电场强度为:

$$E_H=\frac{U_H}{b} \qquad (3-3-3)$$

式中:U_H——霍尔电位差;

    b——霍尔片的宽度。

由于霍尔电场的存在,使的定向运动的电子除了受到洛伦兹力的作用外,还要受到霍尔效应产生的 $f_H=eE_H$ 的电场力作用,此力阻止电荷继续积累。随着 $f_e=f_H$ 相等而平衡,两侧的积累电荷不再增加,则有:

$$eE_H = evB \quad 即 \quad E_H = vB \tag{3-3-4}$$

假设金属导体单位体积内的电子数为 n,则电流 $I = Q/t = nevbd$,则有:

$$E_H = \frac{IB}{nebd} \tag{3-3-5}$$

并得:

$$U_H = \frac{IB}{ned} \tag{3-3-6}$$

令 $R_H = \dfrac{1}{ne}$,称为霍尔系数,其大小取决于导体载流子密度,则:

$$U_H = \frac{R_H IB}{d} = K_H IB \tag{3-3-7}$$

式中:$K_H = R_H/d$——霍尔片的灵敏度。

由上式可见,霍尔电势正比于电流 I 及磁感应强度 B,其霍尔片的灵敏度与霍尔系数 R_H 成正比而与霍尔片的厚度 d 成反比。因此,为了提高灵敏度,霍尔元件常制成薄片形状。

2. 霍尔元件

霍尔元件的结构比较简单,它是由霍尔片、四根引线和壳体组成的,如图 3-3-11 所示。霍尔片是一块矩形半导体单晶薄片,引出四根引线:c、d 两根引线加电流,称为控制电极;a、b 引线为霍尔输出引线,称为霍尔电极。霍尔元件的壳体是用非导磁金属、陶瓷或环氧树脂封装的。

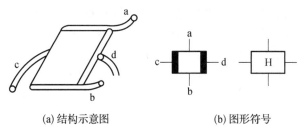

(a) 结构示意图　　　　(b) 图形符号

图 3-3-11　霍尔元件

3. 霍尔元件的主要特性参数

(1) 额定霍尔电流

使霍尔元件温升 10 ℃时所施加的电流称为额定霍尔电流,以元件允许最大温升为限制所对应的霍尔电流称为最大允许电流。因霍尔电势随电流增加而线性增加,所以使用中希望选用尽可能大的电流以获得较高的霍尔电势输出,但又受最大允许温升的限制,不可一味增加霍尔电流。

(2) 灵敏度 K_H

霍尔元件在单位磁感应强度和单位霍尔电流作用下的空载霍尔电势值,称为霍尔元件的灵敏度。

（3）输入电阻和输出电阻

霍尔元件霍尔电流电极间的电阻值称为输入电阻。霍尔电极输出电势对电路外部来说相当于一个电压源，其电源内阻即为输出电阻。以上电阻值是在磁感应强度为零，且环境温度在 20±5 ℃时所确定的。

（4）不等位电势和不等位电阻

当磁感应强度为零，霍尔元件的霍尔电流为额定值时，则其输出的霍尔电势应该为零，但实际不为零，此时测得的空载霍尔电势称为不等位电势。

（5）寄生直流电势

在外加磁场为零、霍尔元件用交流霍尔电流时，霍尔电极输出除了交流不等位电势外，还有一直流电势，称为寄生直流电势。寄生直流电势一般在 1 mV 以下，它是影响霍尔片温漂的原因之一。

（6）霍尔电势温度系数

在一定磁感应强度和霍尔电流下，温度每变化 1 ℃时，霍尔电势变化的百分率称为霍尔电势温度系数。它同时也是霍尔系数的温度系数。它与霍尔元件的材料有关，一般约为 0.1%/℃左右。

4. 霍尔元件基本驱动电路

利用霍尔效应实现磁电转换的传感器称为霍尔式传感器，它应有几个基本组成部分：霍尔元件、加于激电流电极两端的激励电源、与霍尔电极输出端相连的测量电路、产生某种具有磁场特性的装置。

传感器中的基本电路如图 3-3-12 所示。电源 E 提供激励电流 I，可以是直流或交流电源，电位器 R_P 调节激励电流 I 的大小。R_L 是霍尔元件输出端的负载电阻。但这种方法得到的霍尔电动势是很小的，一般在毫伏数量级，较难直接用于有效的测量。在实际使用时必须加差分放大器。霍尔元件大体分为线性测量和开关状态两种使用方式，因此输出电路有如图 3-3-13 所示的两种结构，其输出特性如图 3-3-14所示。

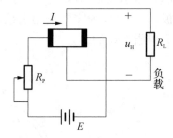

图 3-3-12　霍尔基本测量电路

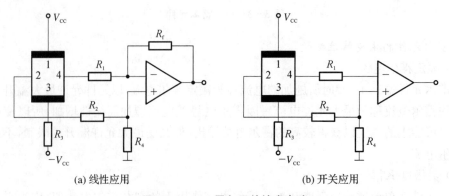

(a) 线性应用　　　　　　　　　　　(b) 开关应用

图 3-3-13　霍尔元件输出电路

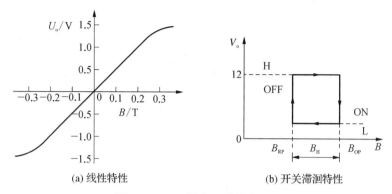

(a) 线性特性　　　　　(b) 开关滞洄特性

图 3-3-14　霍尔元件输出特性

5. 霍尔元件的应用原理

霍尔电势与磁感应强度成正比,若磁感应强度是位置的函数,则霍尔电势的大小就可以用来反映霍尔元件的位置。霍尔传感器可用于位移、力、压力、应变、机械振动、加速度等参数的测量。

在被测转速的转轴上安装一个齿轮盘,将霍尔器件及磁路系统靠近齿盘,如图 3-3-15 所示。齿盘的转动使磁路的磁阻随气隙的改变而周期性地变化,霍尔器件输出的微小脉冲信号经隔直、放大、整形后可以确定被测物的转速。当齿对准霍尔元件时,磁力线集中穿过霍尔元件,可产生较大的霍尔电动势,放大、整形后输出高电平;反之,当齿轮的空挡对准霍尔元件时,输出为低电平。

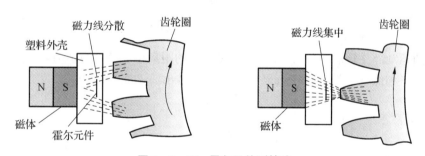

图 3-3-15　霍尔元件测转速

霍尔元件也常用于微位移测量。工作原理如图 3-3-16 所示。将磁场强度相同的两块永久磁铁,同极性相对地放置;将线性霍尔元件置于两块磁铁的中间,其磁感应强度为零,这个位置可以取为位移零点。例如在 $Z=0$ 时,$B=0$,输出电压等于零。当霍尔元件沿 Z 轴有位移时,则有一电压输出。测量输出电压,就可得到位移的数值。这种位移传感器一般可用来测量 $1\sim2$ mm 的位移。以测量这种微位移为基础,可以对许多与微位移有关的非电量进行检测,如力、压力、加速度和机械振动等。

当磁铁的有效磁极接近并达到动作距离时,霍尔式接近开关动作。霍尔接近开关一般还配一块钕铁硼磁铁。用霍尔 IC 也能完成接近开关的功能,但是它只能用于铁磁材料的检测,并且还需要建立一个较强的闭合磁场。

当磁铁随运动部件移动到距霍尔接近开关几毫米时,霍尔 IC 的输出由高电平变为低电平,经驱动电路使继电器吸合或释放,控制运动部件停止移动起到限位的作用。

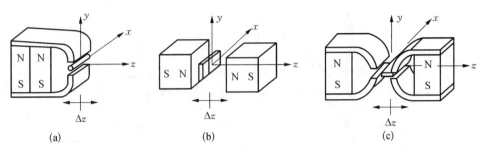

图 3-3-16 霍尔元件测位移

将被测电流的导线穿过霍尔电流传感器的检测孔,如图 3-3-17 所示。当有电流通过导线时,在导线周围将产生磁场,磁力线集中在铁芯内,并在铁芯的缺口处穿过霍尔元件,从而产生与电流成正比的霍尔电压。

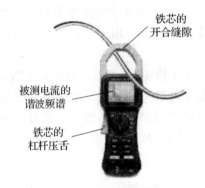

图 3-3-17 霍尔元件测电流

磁铁随运动部件转动,当磁铁和霍尔测量电路的距离小于某一数值时,霍尔式测量电路输出由高电平和低电平跳变,如图 3-3-18 所示,输出 A 处波形为方波。

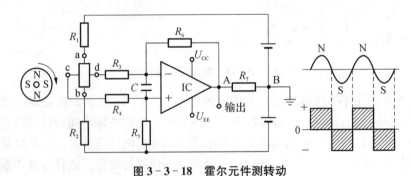

图 3-3-18 霍尔元件测转动

五、霍尔电流传感器的仿真

导线电流周围会存在磁场,因此可以利用霍尔传感器间接测量导线电流的大小,如图 3-3-19所示。

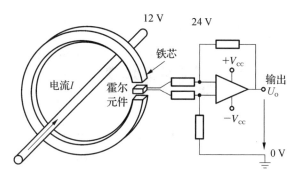

图 3 - 3 - 19　霍尔电流传感器示意图

图 3 - 3 - 19 中铁芯的主要作用增强集中电流周围的磁场,铁芯的缺口缝隙处放入霍尔传感器。例如:正向电流时,产生顺时针磁场,霍尔传感器受到向下的磁场,霍尔效应产生的电压经放大后,输出电压 U_o 上升,磁场超强 U_o 越大;反之,反向电流时,产生逆时针磁场,霍尔传感器受到向上的磁场,输出电压 U_o 则下降。因此霍尔电流传感器对直流电和交流电均能测量。

仿真电路如图 3 - 3 - 20 所示,ACS755XCB - 050 是霍尔电流传感器,其最大测量电流为 50A,此时输出 VIOUT 电压约为 3.62 V,但该电流传感器在电流为零时输出初始电压即有 0.6 V,那么 50A 的电流输出端 VIOUT 电压变化量实际为约为 3 V。

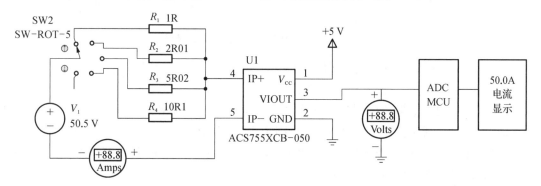

图 3 - 3 - 20　霍尔电流传感器应用仿真

六、制作霍尔传感器实训项目

如图 3 - 3 - 21 所示为霍尔传感器应用电路,制作完成的产品如图 3 - 3 - 22 所示。

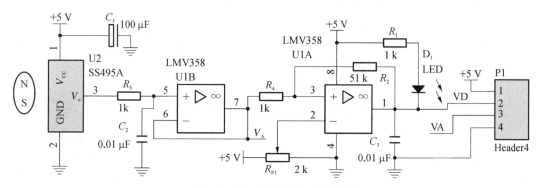

图 3 - 3 - 21　霍尔传感器应用电路

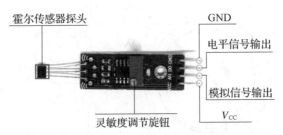

图 3 - 3 - 22 产品外形和接线

霍尔传感器元件型号为 SS495A,为一种线性霍尔传感器,其内部已含有放大器,如图 3 - 3 - 23 所示。AMPLIFIER 即为放大器,后级为推挽输出类型,在磁场−640~+640 高斯范围内输出基本为线性。

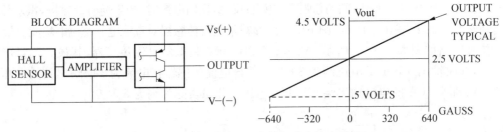

图 3 - 3 - 23 SS495A 内部框图和输出特性

图 3 - 3 - 23 所示电路中运放采用低电压的"轨至轨"运算放大器 LMV358,这样可保证最后输出的电压动态非常接近至 0~5 V。

U1B 为电压跟随器,跟随霍尔传感器输出的线性变化,即输出电压 V_A 与磁场强度成正比。而 U1A 则构成滞洄比较器,形成电压上限值和下限值,V_A 电压高于上限值时,输出 V_D 为高电平(即 5 V);而 V_A 电压低于下限值时,输出 V_D 则为低电平(即 0 V);处于上下限电压值之间时,输出不变化,即施密特类型。

霍尔传感器元件的凸面为正面,磁场如从凸面穿入,则 SS495A 输出端电压上升,V_A 跟随上升,最后输出 V_D 高电平,LED 熄灭。反之,磁场如从凸面穿出,LED 点亮。

SS495A 为线性类型的霍尔传感器,实际还有一种类型是开关量的霍尔传感器,即把施密特触发直接集成在霍尔传感器内部,这样输出只有高电平和低电平两个状态了,如型号为 ES3144 的霍尔传感器元件。

测试项目:自制表格,测试磁铁与 SS495A 的不同距离,输出 V_A 和 V_D 的电压值。磁铁可用小型铷磁铁,由于磁铁周围的磁场强度并不与距离成正比,输出 V_A 并不与距离成正比。

计算项目:计算图 3 - 3 - 21 中的滞洄比较器的上限和下限比较值电压。

3.4 角度传感器与应用

一、教学目标

终极目标:会使用角度传感器,理解应测量角度的工作原理。

促成目标：

1. 掌握输出与角度的关系。

2. 正确分析角度传感器的测量原理及其基本结构。

3. 会仿真角度传感器电路。

4. 会制作角度测量产品电路。

二、工作任务

工作任务：分析测量角度传感器的组成、原理及各部分的关系，并掌握其制作方法。

常用的角度传感器如图 3-4-1 所示，适用于汽车，工程机械，宇宙装置、导弹、飞机雷达天线的伺服系统以及注塑机，木工机械，印刷机，电子尺，机器人，工程监测，电脑控制运动器械等需要精确测量位移的场合。

(a) 电位器式　　　　(b) 倾倒式　　　　　　(c) 霍尔模拟式　　　　(d) 六轴数字式

图 3-4-1　角度传感器

电位器式的角度传感器比较简单，把电位器的轴与转动物体联在一起即可，为接触式，容易存在接触不良的问题，须进行特制。倾倒式的角度传感品倾斜一定角度后，输出状态产生"0"和"1"的数字变化，常用于保护电路的倾倒检测。

霍尔模拟式角度传感器为非接触式，通过转轴转动磁场，霍尔元件检测磁场变化再转换成模拟电压或电流输出，如：$0 \sim 5\ V_{DC}$，$0 \sim 10\ V_{DC}$ 或者 $4 \sim 20$ mA 对应 $0° \sim 360°$。六轴数字式传感器则常用于无人上的角度和加速度测量，六轴即 X、Y 和 Z 轴的角度和加速度。

三、实践知识

电位器式角度传感器的测量，如图 3-4-2 所示，与常规测量电位器的方法是相同的，可调端与另两脚的阻值随轴旋转而变化，总角度约为 $300°$。霍尔模拟式角度传感器则须接

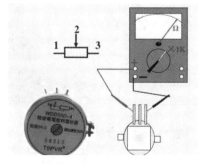　　　

图 3-4-2　测量电位器式角度传感器　　**图 3-4-3　测量模拟式角度传感器**

上 5 V 电源测试,如图 3-4-3 所示,输出端电压随轴旋转而变化,总角度为可达 360°。六轴数字式则须单片机加载程序后,在数据传输引脚上才有数据传输波形。

与 Arduino 配合使用时,如图 3-4-4 和图 3-4-5 所示。测量的角度数据可通过串口传回电脑显示,当然也可以显示在显示屏上。

图 3-4-4 电位器式与 Arduino 连接

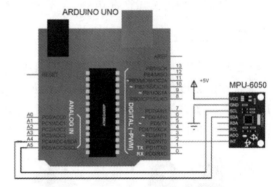

图 3-4-5 六轴数字式与 Arduino 连接

四、理论知识

线性电位器角度传感器的理想空载特性曲线应具有严格的线性关系,图 3-4-6 所示为电位器式位移传感器原理图。实际上相当于变阻器,假定全长为 x_{max} 的电位器其总电阻为 R_{max},电阻沿长度的分布是均匀的,则当滑臂由 A 向 B 移动 x 后,A 点到电刷间的阻值为:

$$R_x = (x/x_{max})R_{max} \qquad (3-4-1)$$

假定加在电位器 A、B 之间的电压为 U_{max},则输出电压为:

$$U_x = (x/x_{max})U_{max} \qquad (3-4-2)$$

电阻与角度的关系为:

$$R_a = (\alpha/\alpha_{max})R_{max} \qquad (3-4-3)$$

因此输出电压与角度呈线性关系。

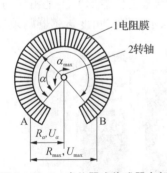

图 3-4-6 电位器式传感器内部

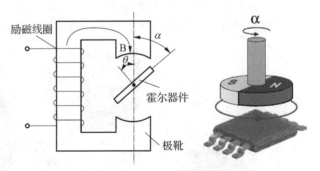

图 3-4-7 霍尔角度传感器

霍尔角度传感器结构示意图如图 3-4-7 所示。其左图的霍尔器件与被测物连动,而霍尔器件又在一个恒定的磁场中转动,于是霍尔电动势 E_H 就反映了转角 θ 的变化,实际中也可以是磁场转动,霍尔器件则固定。

图3-4-7中右图所示为另一种RB100系列霍尔式的角度传感器,通过磁场来检测角度变化。该角度传感器是一款运用三轴霍尔技术的独立传感器芯片为核心设计的一款可编程的角度传感器。三轴霍尔既可以感应垂直方向也可以感应平行与芯片表面的磁场强度。这是通过在CMOS芯片表面沉积一层集磁材料来实现的。该芯片可以感应出旋转范围在$0°\sim360°$的绝对角度位置,为非接触式的方式测量。角度信息可以通过磁场的两个矢量分量(B_x和B_y)计算得到。

RB100系列角度传感器能够达到14 bit的分辨力,输出为数字信号。

六轴数字式 ATK-MPU6050 芯片传感器,可用于无人机的姿态控制,无人机应用于农业生产、电力巡线、救灾物资配送、危险环境等场合,可带来很好的便利。无人机的使用,还须遵从当地和国家的相应空管法规。ATK-MPU6050 芯片内部整合了3轴陀螺仪和3轴加速度传感器,如图3-4-8所示,并可利用自带的数字运动处理器(Digital Motion Processor, DMP)硬件加速引擎,通过主 I^2C 接口,向应用端输出姿态解算后的数据。

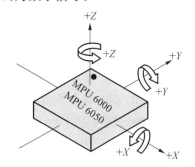

图 3-4-8　MPU6050 检测轴及其方向

MPU6050 数字形式输出6轴或9轴(需外接磁传感器)的旋转演算数据,全格感测范围为$\pm250°$、$\pm500°$、$\pm1\ 000°$与$\pm2\ 000°$每秒的3轴角速度感测,通过配置寄存器,范围可为$\pm2\ g$、$\pm4\ g$、$\pm8\ g$和$\pm16\ g$几种加速度选择。

通过加载 MPU6050 库文件,Arduino 单片机测角度和加速度将很容易实现。

五、制作角度传感器实训项目

1. 电位器式传感器测角度

电路的 Arduino 连接如图3-4-9所示,传感器模块中心有一轴孔,可安装在轮动轴上,轴轮动时引起电阻值变化而使调节端 OUT 输出电压变化,电压变化反映了角度变化,具体测角度时需要进行折算。

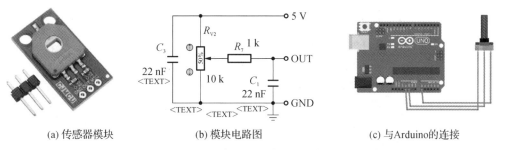

(a) 传感器模块　　　　(b) 模块电路图　　　　(c) 与Arduino的连接

图 3-4-9　电位器式传感器测角度

模块电位有效旋转角度为333.3°,角度传感器模块的 OUT 接 Arduino 板的 A0 口,Arduino 程序如下:

```
float anglee; //定义角度的变量
```

```
void setup()
  {
    Serial.begin(9600);   // 设置串口波特率为 9600
    pinMode(A0, INPUT);   // 角度传感器模块 OUT 连接引脚 A0,并设置为输入模式
  }
void loop()
  {      //读取的 A0 模拟值并折算成角度值,1024/333.3= 3.07
    anglee = (analogRead(A0))/3.07;
    Serial.println(anglee); //将角度值输出到串口监视器
    delay(500); // 延时 500 毫秒
  }
```
由上可知,其 Arduino 程序是比较简单的。

2. MPU6050 传感器测角度和加速度

电路模块接线如图 3 - 4 - 5 所示,Arduino 程序如下:

```
# include "Wire.h"
# include "I2Cdev.h"      //I2C 通信头文件
# include "MPU6050.h" //六轴传感器文件
MPU6050 accelgyro;
int16_t ax, ay, az;      //定义六轴变量
int16_t gx, gy, gz;
void setup() {
    Wire.begin();
    Serial.begin(38400);
    pinMode(12, OUTPUT); //12 引脚定义成输出
    accelgyro.initialize();      // MPU6050 初始化
}
void loop() {      //主程序
    accelgyro.getMotion6(&ax, &ay, &az, &gx, &gy, &gz);
//获取 MPU6050 六轴量
    Serial.print("a: ");
    Serial.print("x;");Serial.print(ax/16384);
//x 轴角度折算后传输至电脑串口
    Serial.print("  y:");Serial.print(ay/16384);
    Serial.print("  z:");Serial.print(az/16384);
    Serial.print("  ω: ");
    Serial.print("x:");Serial.print(gx/131);
    Serial.print("  y:");Serial.print(gy/131);
    Serial.print("  z:");Serial.println(gz/131);
}
```

习题

3.1 金属材料的应变效应是指金属材料在受到_____作用时,产生机械_____,导致其阻值发生变化的现象叫金属材料的_____效应。

3.2 应变式传感器是利用电阻应变片将应变转换为电阻变化的传感器,传感器由在弹性元件上粘贴_____元件构成。

3.3 要把微小应变引起的微小电阻变化精确地测量出来,需采用特别设计的测量电路,通常采用_____电路。

3.4 压电式传感器是一种典型的自发电型传感器(或发电型传感器),是以某些电介质的_____为基础,来实现非电量检测的目的。

3.5 热电偶是将温度变化转换为_____的测温元件,热电阻和热敏电阻是将温度转换为_____变化的测温元件。

3.6 热电阻最常用的材料是_____和_____,工业上被广泛用来测量中低温区的温度,在测量温度要求不高且温度较低的场合,铜热电阻得到了广泛应用。

3.7 霍尔效应是指在垂直于电流方向加上_____,由于载流子受_____的作用,则在平行于电流和磁场的两端平面内分别出现正负电荷的堆积,从而使这两个端面出现_____差的现象。

3.8 图 3-1 所示为电阻应变片测量用半桥差动电路,两个工作应变片,一受压力,一受拉力,电阻变化相等,接入相邻桥臂。且 $R_1=R_2=R_3=R_4=100\ \Omega$,$E=12\ V$,$\Delta R_1=\Delta R_2=0.08\ \Omega$,求 U_o。并写出推导式子。

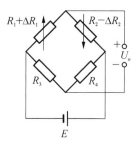

图 3-1 题 3.8 图

3.9 用镍铬-镍硅热电偶测炉温时,其冷端温度=30 ℃,在直流电位计上测得的热电势=26.639 mV,求炉温。

表 3-1 题 3.9 表

镍铬-镍硅(镍铬-镍铝)热电偶分度表(分度号:K)									
(参考端温度为 0 ℃)热电动势(mV)									
温度	0	10	20	30	40	50	60	70	80	90
0	0	0.397	0.798	1.203	1.611	2.022	2.436	2.85	3.266	3.681
100	4.059	4.508	4.919	5.327	5.733	6.137	6.539	6.939	7.388	7.737

镍铬-镍硅(镍铬-镍铝)热电偶分度表(分度号:K)									
(参考端温度为 0 ℃)热电动势(mV)									
200	8.137	8.537	8.938	9.341	9.745	10.151	10.56	10.969	11.381	11.739
300	12.207	12.623	13.039	13.456	13.874	14.292	14.712	15.132	15.552	15.974
400	16.395	16.828	17.241	17.664	18.088	18.513	18.938	19.363	19.788	20.244
500	20.64	21.066	21.493	21.919	22.346	22.772	23.198	23.624	24.05	24.476
600	24.902	25.327	25.751	26.176	26.599	27.022	27.445	27.867	28.288	29.709

3.10　已知某霍尔传感器的激励电流 $I=3$ A,磁场的磁感应强度 $B=5\times10^{-3}$ T,导体薄片的厚度 $d=2$ mm,霍尔常数 $R_H=0.5$,试求薄片导体产生的霍尔电势 U_H 的大小。

3.11　利用 Arduino 开发板,把 MPU6050 角度传感器测量的角度和加速度值显示在 OLED12864 屏上。

第4章

机器人传感器仿真与设计

　　机器人的传感器主要根据检测对象的不同可分为内部传感器和外部传感器。其中内部传感器装在操作机上,包括位移、速度、加速度传感器等,是为了检测机器人操作机内部状态,在伺服控制系统中作为反馈信号。外部传感器,如视觉、触觉、力觉、距离等传感器,就是为了检测作业对象及环境与机器人的联系。

　　工业机器人传感器的一般要求有精度高,重复性好,稳定性与可靠性好,抗干扰能力强,质量轻,体积小,安装方便等特点。

　　近年随《中国制造2025》规划落地,明确将工业机器人列入大力推动突破发展十大重点领域之一,促进机器人标准化、模块化发展,扩大市场应用。根据《工信部关于推进工业机器人产业发展的指导意见》,要建立完善的智能制造装备产业体系,实现装备的智能化及制造过程的自动化。工业机器人已是现代技术发展趋势的一个重要方向,也是国际竞争中重要的一环。

4.1　超声波传感器与应用

一、教学目标

终极目标:会使用超声波传感器,理解超声波传感器的工作原理。
促成目标:
1. 掌握超声波传感器在各种场合中的常见应用。
2. 能了解超声波的特性,掌握超声波发射电路和接收电路的工作原理。
3. 会仿真超声波传感器电路。
4. 会制作典型超声波传感器测距电路。

二、工作任务

工作任务:分析超声波探头的组成、原理及各部分的关系,并掌握其应用。

　　随着人工智能的发展,机器人在生产生活中的应用领域正不断扩大,如图4-1-1所示。服务机器人能感知周围环境、STEAM教育机器人中解决测距问题,扫地机器人遇到玻璃等障碍物能聪明的"避开"、巡逻机器人能保护自己不与周围的人和物"亲密接触"……感知障碍物并且能够避开障碍物,从而保障正常行动,保护自身和周围人安全是其发挥作用的首要前提。机器人是如何与外界保持距离,实现避障的呢?超声波传感器是智能服务机器人实现测距与避障的一个关键技术。

　　超声波传感器是利用超声波的各种物理特性和效应实现检测的器件或装置,也称为超

图 4-1-1 智能机器人

声波探测器、换能器、探头,如图 4-1-2 所示,现已广泛地应用于工业、国防、医学和现实生活中。

图 4-1-2 超声波探头

超声波传感器按照工作原理,可分为压电式、磁致伸缩式、电磁式等,最为常用的是压电式超声波传感器。

压电式超声波传感器是利用压电材料的压电效应来工作的。常用的压电材料主要有压电晶体和压电陶瓷两大类。

压电式超声波传感器分为发生器(发射探头)和接收器(接收探头)两种,分别利用了逆、正压电效应原理。如图 4-1-2 所示,发射探头和接收探头的外形相似,原理互逆。发射探头利用逆压电效应,在压电元件上施加高频交变电场,元件发生形变引起空气振动从而产生超声波。而超声波接收器则利用正压电效应,接收到的超声波作用在压电元件上,使得元件表面出现正负相反的电荷,这种高频电压与超声波同频。

如图 4-1-3 所示,超声波探头的内部核心元件是压电晶体,此外还有阻尼吸收块、保护膜等构成。压电晶体一般为圆板形状,其厚度与超声波频率成反比。晶片两面镀有银层,做导电电极。阻尼吸收块用于降低压电晶片的机械品质,吸收超声波的能量。压电晶片下面一般会有一层保护膜,避免传感器与被测件直接接触造成磨损。

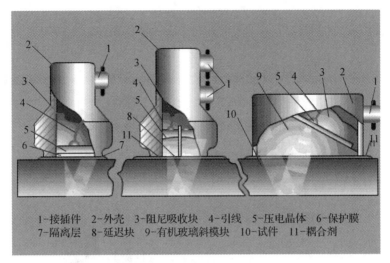

1—接插件 2—外壳 3—阻尼吸收块 4—引线 5—压电晶体 6—保护膜
7—隔离层 8—延迟块 9—有机玻璃斜模块 10—试件 11—耦合剂

图 4-1-3 压电式超声波探头的结构

图 4-1-4 和图 4-1-5 给出了超声波发射和接收电路框图。超声波发射电路包含发射控制电路和超声波产生电路两大部分。利用 NE555 多谐振荡器产生频率为 40 kHz 左右的超声波信号是常用方法。超声波接收电路包含接收探头、选频放大电路、波形变换电路三部分。因为经过探头变换后的正弦波信号非常微弱,必须经过选频放大电路进行信号放大。同时还需要进行波形变换成矩形波脉冲,才能被单片机等控制器接收。特别要注意,超声波接收与发射探头型号必须一一对应。

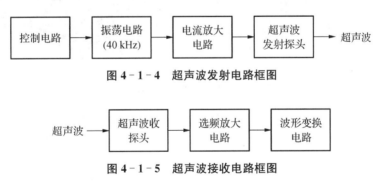

图 4-1-4 超声波发射电路框图

图 4-1-5 超声波接收电路框图

三、实践知识

常用的超声波传感器基于压电材料的压电效应原理。

常用的压电材料:石英晶体、压电陶瓷等。

逆压电效应:在压电材料切片上施加交变电压,使它产生电致伸缩振动,产生超声波。

正压电效应:当超声波作用到压电晶体切片上时,使晶片伸缩,在晶片的两个界面上产生交变电荷。

利用压电材料制作而成的超声波探头(内部结构如图 4-1-3 所示,实物如图 4-1-2

所示)即可用于超声波的发射(逆压电效应),也可用于超声波的接收(正压电效应)。在实际应用中,超声波探头有时仅用作超声波发射,有时仅用作超声波接收,有时也两者兼得,既发射也接收。

超声波探头按结构不同,可分为单晶直探头、双晶直探头、斜探头等不同形式。如图4-1-6所示,单晶直探头是发射接收两种功能,但是必须处于分时工作状态,用电子开关实现切换不同状态,形成发射和接收先后之分。

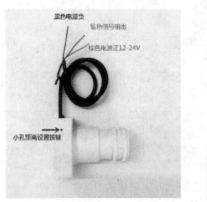

图4-1-6 各种收发一体超声波探头

如图4-1-7所示,双探头的结构稍微复杂一些,但是检测精度比单探头高,且超声波的反射和接收的控制电路相对简单些。

图4-1-7 各种超声波双探头

如图4-1-8所示,斜探头的声束与探头表面倾斜,因此可用于检测直声束无法到达的部位或者缺陷的方向与检测面之间存在夹角的区域。主要用于横波探伤用来检测焊缝气孔、裂纹等缺陷。

图4-1-8 超声波斜探头

四、理论知识

1. 超声波的特性

（1）超声波及其波形

物体的机械振动在弹性介质内传播形成声波。声波频率在 $20 \sim 2 \times 10^4$ Hz 之间,能为人耳所闻,称为可闻声波;低于 20 Hz 的机械波,称为次声波;高于 2×10^4 Hz 的机械波,称为超声波,频率在 $3 \times 10^8 \sim 3 \times 10^{11}$ Hz 之间的波,称为微波。

表 4-1-1　各类声波的频率范围

声波的分类	频率范围	作用于人耳效果
次声波	<20 Hz	听不到,对人体有害
正常声波	$20 \sim 20$ kHz	能听到
超声波	>20 kHz	听不到

当超声波由一种介质入射到另一种介质时,由于在两种介质中传播速度不同,在介质界面上会产生反射、折射和波形转换等现象。

声源在介质中施力方向与波在介质中传播方向的不同,造成声波的波形也不同。一般有以下几种,如图 4-1-9 所示。

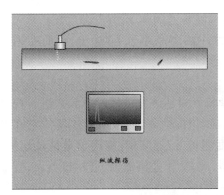
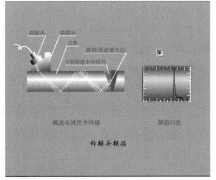

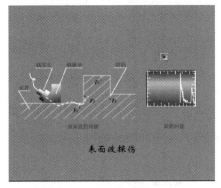

图 4-1-9　不同波形探伤

① 纵波：质点振动方向与波的传播方向一致，能在固体、液体和气体介质中传播。

② 横波：质点振动方向垂直于传播方向，只能在固体介质中传播。

③ 表面波：质点的振动介于横波与纵波之间，沿着介质表面传播，其振幅随深度增加而迅速衰减，表面波只在固体的表面传播。

比如轴类锻件的探伤大部分选用纵波直探头。

横波探头相对而言准确度会高一点，而在一些被探测物体形状不规则的时候，更多的是用纵波小角度探伤。

（2）超声波的特性

超声波波长短、频率高，在液体、固体中衰减很小，穿透能力强，特别是对不透光的固体，超声波能穿透几十米的厚度。在遇到杂质或者分界面，会产生明显的发射现象。超声波的这些特性使它在检测技术中获得了广泛的应用，如超声波无损探伤、厚度测量、流速测量、超声显微镜及超声成像等。

超声波在介质中传播时因被吸收而衰减。气体吸收最强而衰减最大，液体次之，固体吸收最小而衰减最小，因此对于给定强度的声波，在气体中的传播距离会明显比在液体和固体中传播的距离短。另外声波在介质中传播时衰减的程度还与声波的频率有关，频率越高，声波的衰减也越大。因此在超声波在空气中传播时往往采用频率较低的超声波，典型值为 40 kHz，在固体和液体中则采用频率较高的超声波。

超声波可以在气体、液体及固体中传播，并有各自的传播速度，纵波、横波及表面波的传播速度与介质密度和弹性特性有关；在固体中，纵波、横波及表面波三者的声速有一定的关系，一般横波声速为纵波的 1/2，表面波声速为横波声速的 90%。

在常温下空气中的声速约为 334 m/s，在水中的声速约为 1 440 m/s，而在钢铁中的声速约为 5 000 m/s。

2. 超声波传感器测量及应用

超声波检测就是利用不同介质的不同声学特性对超声波传播的影响来进行探查和测量的一门技术。超声波穿透性能好，反射性能明显，指向性好，能量消耗缓慢使它在检测技术中获得了广泛的应用，如超声波无损探伤、厚度测量、流速测量、超声显微镜及超声成像等，同时也广泛用于报警器材、倒车雷达、测距仪器、AGV 工业机器人、巡检机器人、智能玩具等领域。

（1）检测原理

超声波传感器可分为透射型和反射型两大类，如图 4-1-10 所示。

透射型主要用于遥控器、防盗报警器、接近开关等；反射型主要用于测距、测液位料位、无损探伤、侧厚等。

超声波传感器相比电感式或者电容式接近开关，检测距离更长，相比光电传感器，可以应用于更恶劣的环境，并且不受目标物的颜色以及空气中灰尘、水雾影响。适合检测不同状态的物体，如液体、透明材质、反光材质和颗粒物等。

（2）检测系统结构

超声波检测系统一般由超声波发射电路、超声波接收电路、控制电路、电源电路、显示单元等构成，如图 4-1-11 所示。

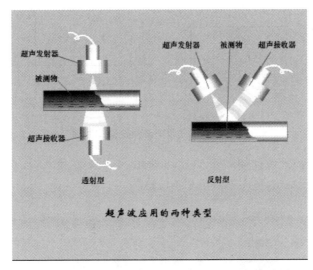

图 4-1-10　超声波传感器检测原理

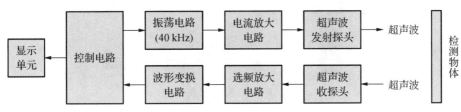

图 4-1-11　超声波检测系统结构框图

发射电路:用于产生 38～40 kHz 方波,进行电流放大后加载到超声波探头,转换成机械波向外发送。

接收电路:接收由检测物体反射回来的超声波信号,进行选频放大和波形变换处理。

控制电路:一般是以单片机为核心的处理单元,具备输入输出单元、显示、报警、执行等功能。

(3) 典型应用

① 超声波测液位

超声波测液位是利用超声波在两种介质的分界面上的反射特性而制成的。如果从发射超声脉冲开始,到换能器接收到反射波为止的这个时间间隔为已知,就可求出液面的高度。

如图 4-1-12 所示,给出了几种超声波液位检测的原理示意图。超声波发射和接收换能器可设置在液体介质中,让超声波在液体介质中传播,如图 4-1-12(a)所示;超声波发射和接收换能器也可以安装在液面的上方,让超声波在空气中传播,如图 4-1-12(b)所示,这种方式便于安装和维修,但超声波在空气中的衰减比较厉害。

假设超声波从发射器到液面,又从液面反射到换能器的时间设为 t,超声波传播速度为 c,则图 4-1-12(a)中的液面高度为超声波速度 c 与时间 t 乘积的 1/2。只要测得超声波脉冲从发射到接收的间隔时间,就可以求得被测液位。

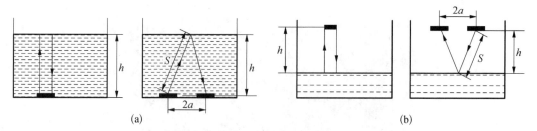

图 4 - 1 - 12　超声波液位检测原理

实际使用的超声波液位计如图 4 - 1 - 13 所示，不惧粉尘侵入，任意角度低压喷淋无影响，量程范围可达 5～10 m，适用于液位和物位检测。

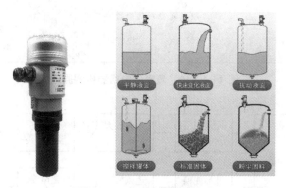

图 4 - 1 - 13　超声波液位计

② 超声波测距和避障

在超声波测距系统中，主要应用反射式检测方式。超声波发射器向某一方向发射超声波，在发射时刻的同时开始计时，超声波在空气中传播，途中碰到障碍物就立即返回来，超声波接收器收到反射波就立即停止计时。检测原理与超声波液位检测相似。

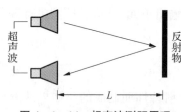

图 4 - 1 - 14　超声波测距原理

超声波在空气中的传播速度为 340 m/s，根据计时器记录的时间 t，就可以计算出发射点距障碍物的距离 s，即 $s = 340t/2$，原理如图 4 - 1 - 14 所示。

利用超声波检测往往比较迅速、方便、计算简单、易于做到实时控制，并且在测量精度方面能达到工业实用的要求，因此在移动机器人的研制上也得到了广泛的应用，如图 4 - 1 - 15 所示。

图 4 - 1 - 15　各种移动机器人

超声波在智能服务机器人、巡逻机器人、物流机器人（AGV）上的主要应用是测距和避障。为了使移动机器人能自动避障行走，就必须装备测距系统，以使其及时获取距障碍物的距离信息（距离和方向）。

由于外界环境的复杂性、不同传感器的技术特点和使用要求的不同，目前尚没有一种方法能够在任意状况下保障机器人有效避障，每个机器人都依赖于多传感器融合来发挥测距与避障的最佳效果。

测距与避障：利用声波的反射原理，传感器发射出超声波，超声波遇到障碍后反射回来，传感器再接收超声波，根据时间差可测算出距离。机器人行进中，距离障碍物还有一定距离时，超声波传感器检测到相关信息，可以此作为依据控制机器人避开。

注意：超声波传感器在发射超声波时，波束以一定范围空间发射出去，可以扩大探测范围，在避障、防撞时可以弥补激光传感器等单一方向检测的局限，将超声波传感器布局在机器人四周，可以避免只有水平面防撞的弊端，使得机器人安全防护更全面更立体。但是超声波传感器也存在一定的局限性，主要是因为波束角大、方向性差、测距的不稳定性（在非垂直的反射下）等，所以往往采用多个超声波传感器或采用其他传感器来补偿。应用 6 个超声波传感器，两边对称放置，每 20°一个，单侧角度为 40°，60°，80°。探测盲区在 15 cm 以内，整体探测角度 150°以上，可以应用。建议测量周期 60 ms 以上，防止发射信号受回响信号影响。

五、制作超声波测距电路实训项目

1. 任务

利用 HC-SR04 超声波测距模块，结合 Arduino 模块，制作超声波测距电路，显示超声波与被测物体之间的实际距离。

2. HC-SR04 超声波测距模块

HC-SR04 超声波测距模块可提供 2～400 cm 的非接触式距离感测功能，测距精度可达 3 mm，测量角度为 15°。模块包括超声波发射器、接收器与控制电路。实物及引脚分布如图 4-1-16 所示。T 为发射探头，R 为接收探头。

V_{CC}——供电 5 V 电源
Gnd——地线
Trig——触发控制信号输入
Echo——回响信号输出

图 4-1-16 HC-SR04 实物与引脚

① 模块采用 IO 口 TRIG 触发测距，给最少 10 μs 的高电平信号呈现；

② 模块自动发送 8 个 40 kHz 的方波，自动检测是否有信号返回；

③ 有信号返回，通过 Echo 输出一个高电平，高电平持续的时间就是超声波从发射到返回的时间。测试距离＝高电平时间 * 声速（340m/s）/2。

如图 4-1-17 所示，时序图表明只需要提供一个 10 μs 以上的脉冲触发信号，该模块内部将发出 8 个 40 kHz 周期电平并检测回波。一旦检测到有回波信号则输出回响信号。回响信号的脉冲宽度与所测的距离成正比。由此通过发射信号到收到的回响信号时间间隔可以计算得到距离。距离＝高电平时间＊声速(340 m/s)/2；建议测量周期为 60 ms 以上，以防止发射信号对回响信号的影响。

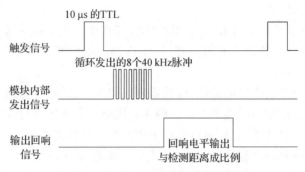

图 4 - 1 - 17　HC-SR04 超声波时序图

注意：模块不宜带电连接，若要带电连接，则先让模块的 GND 端先连接，否则会影响模块的正常工作。测距时，被测物体的面积不少于 0.5 m² 且平面尽量平整，否则影响测量结果。

3. 接线图

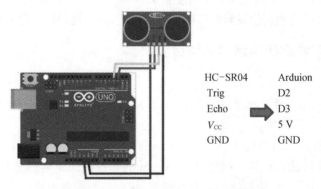

HC-SR04	Arduion
Trig	D2
Echo	D3
V_{CC}	5 V
GND	GND

图 4 - 1 - 18　超声波检测电路接线图

4. 编程思路

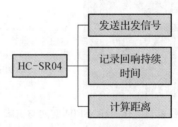

图 4 - 1 - 19　编程思路框图

5. 参考程序

```
# define Trig 2 //引脚 Trig 连接 IO D2
# define Echo 3 //引脚 Echo 连接 IO D3
float cm; //距离变量
float temp;
void setup() {
```

```
Serial.begin(9600);
pinMode(Trig, OUTPUT);
pinMode(Echo, INPUT);
}
void loop() {
    //给 Trig 发送一个低高低的短时间脉冲,触发测距
    digitalWrite(Trig, LOW); //给 Trig 发送一个低电平
    delayMicroseconds(2);      //等待 2 微秒
    digitalWrite(Trig,HIGH); //给 Trig 发送一个高电平
    delayMicroseconds(10);        //等待 10 微秒
    digitalWrite(Trig, LOW); //给 Trig 发送一个低电平
    temp = float(pulseIn(Echo, HIGH)); //存储回波等待时间,
    //pulseIn 函数会等待引脚变为 HIGH,开始计算时间,再等待变为 LOW 并停止计时
    //返回脉冲的长度
    //声速是 340 m/s 换算成 34000 cm / 1000000 μs => 34 / 1000
    //因为发送到接收,实际是相同距离走了两回,所以要除以 2
    //距离(cm)=[回波时间 * (34 / 1000)] / 2
    //简化后的计算公式为 (回波时间 * 17)/ 1000
    cm = (temp * 17 )/1000; //把回波时间换算成 cm
    Serial.print("Echo = ");
    Serial.print(temp);//串口输出等待时间的原始数据
    Serial.print(" || Distance = ");
    Serial.print(cm);//串口输出距离换算成 cm 的结果
    Serial.println("cm");
    delay(100);
}
```

6. 调试运行

下载程序观察串口输出,如图 4-1-20 所示。

图 4-1-20　串口输出

六、拓展知识

1. 超声波探伤

超声波探伤是利用超声能透入金属材料的深处，并由一截面进入另一截面时，在界面边缘发生反射的特点来检查零件缺陷的一种方法。当超声波束自零件表面由探头通至金属内部，遇到缺陷与零件底面时就分别发生反射波，在荧光屏上形成脉冲波形，根据这些脉冲波形来判断缺陷位置和大小。

超探仪是一种便携式工业无损探伤仪器，它能够在不损坏工件或原材料工作状态的前提下，对被检验部件的表面和内部质量进行检查的一种测试手段。快速、无损伤、精确地进行工件内部多种缺陷（裂纹、夹杂、折叠、气孔、砂眼等）的检测、定位、评估和诊断。

优点：

① 穿透能力强，探测深度可达数米；

② 灵敏度高，可发现与直径约十分之几毫米的空气隙反射能力相当的反射体；可检测缺陷的大小通常可以认为是波长的 1/2；

③ 在确定内部反射体的位向、大小、形状及等方面较为准确；

④ 仅须从一面接近被检验的物体；

⑤ 可立即提供缺陷检验结果；

⑥ 操作安全，设备轻便。

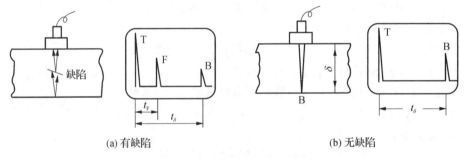

(a) 有缺陷　　　　　　　　　　　(b) 无缺陷

图 4-1-21　超声波纵波探伤

目前便携式的脉冲反射式超声波探伤仪大部分是 A 扫描方式的，所谓 A 扫描显示方式即显示器的横坐标是超声波在被检测材料中的传播时间或者传播距离，纵坐标是超声波反射波的幅值。譬如，在一个钢工件中存在一个缺陷，由于这个缺陷的存在，造成了缺陷和钢材料之间形成了一个不同介质之间的交界面，交界面之间的声阻抗不同，当发射的超声波遇到这个界面之后，就会发生反射（如图 4-1-21 所示），反射回来的能量又被探头接收到，在显示屏幕中横坐标的一定的位置就会显示出来一个反射波的波形，横坐标的这个位置就是缺陷在被检测材料中的深度。这个反射波的高度和形状因不同的缺陷而不同，反映了缺陷的性质。缺陷波 F 的高度代表了缺陷的大小，缺陷波 F 距离始波 T 的距离，表明了缺陷的埋藏深度，即探测面到缺陷的距离。

2. 超声波清洗

超声波清洗是利用超声波在液体中的空化作用、加速度作用及直进流作用对液体和污物直接、间接的作用，使污物层被分散、乳化、剥离而达到清洗目的。目前所用的超声波清洗机中,空化作用和直进流作用应用得更多。

超声波清洗机理:换能器将功率超声频源的声能转换成机械振动并通过清洗槽壁向槽子中的清洗液辐射超声波,槽内液体中的微气泡在声波的作用下振动,当声压或声强达到一定值时,气泡迅速增长,然后突然闭合,在气泡闭合的瞬间产生冲击波使气泡周围产生$10^{12}\sim$ 10^{13} Pa 的压力及局部调温,这种超声波空化所产生的巨大压力能破坏不溶性污物而使他们分化于溶液中,蒸汽型空化对污垢的直接反复冲击,一方面破坏污物与清洗件表面的吸附,另一方面能引起污物层的疲劳破坏而被剥离,气体型气泡的振动对固体表面进行擦洗,污层一旦有缝可钻,气泡立即"钻入"振动使污层脱落,由于空化作用,两种液体在界面迅速分散而乳化,当固体粒子被油污裹着而黏附在清洗件表面时,油被乳化、固体粒子自行脱落,超声在清洗液中传播时会产生正负交变的声压,形成射流,冲击清洗件,同时由于非线性效应会产生声流和微声流,而超声空化在固体和液体界面会产生高速的微射流,所有这些作用能够破坏污物,除去或削弱边界污层,增加搅拌、扩散作用,加速可溶性污物的溶解,强化化学清洗剂的清洗作用。由此可见,凡是液体能浸到且声场存在的地方都有清洗作用,其特点适用于表面形状非常复杂的零部件的清洗。尤其是采用这一技术后,可减少化学溶剂的用量,从而大大降低环境污染。

超声清洗可广泛地应用于各行各业,达到其他清洗手段难以达到的目的。主要应用于机械零部件、光学零部件、机电元件、各种玻璃瓶子及器皿、餐具等清洗与处理,如图4-1-22 所示。

图 4-1-22　超声波清洗机

4.2　光电编码器与应用

微信扫码见本节
仿真电路图与程序代码

一、教学目标

终极目标:会使用光电编码器,理解光电编码器的工作原理。

促成目标:

1. 掌握光电编码器在各种场合中的常见应用。

2. 能了解光电编码器的特性,掌握光电编码器的工作原理。

3. 会仿真光电编码器应用电路。

4. 会制作光电编码器测速电路。

二、工作任务

工作任务:分析光电编码器的组成、原理及各部分的关系,并掌握其应用。

光电编码器在生产中起到了很大的作用,市场上应用比例比较高,主要广泛应用于机器人、电梯、风力发电、数控机床、工程机械、烟草机械、印刷机械、石油天然气、包装机械、纺织机械、食品机械、汽车配件生产流水线、精密喷绘、焊接、精密位置控制工业自动化控制生产线等等现代工业领域。

随着智能工厂概念的推广,近些年全球涌现了一批新的机器人制造商,尤其是在中国。

机器人应用已逐渐从传统的重工业扩展到轻工业,比如 3C(计算机、通信和消费电子产品)产品装配以及其他自动化生产线,这些应用需要高精度和高度灵活的机器人。

无论设计如何优秀,提高机器人的功能和效率仍取决于所选用的组件。一个机器人通常由本体(骨架)、伺服驱动系统、减速器及控制系统组成。由于需要对每个关节进行实时位置跟踪并反馈至控制器,因此编码器也是确保机器人操作精度的关键组件。

一般而言,设计机器人时会使用两种编码器:光电与磁性编码器。目前用于机器人位置和速度控制的传感器主要倾向于小型高分辨率的光电编码器。

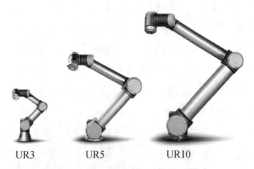

UR3　　UR5　　UR10

图 4-2-1　UR 系列协作机器人

图 4-2-2　AksIM 绝对式磁旋转编码器

在当今工业自动化中,协作机器人的使用呈现出一种快速增长趋势。轻巧的 UR 机器人,如图 4-2-1 所示,可安装到工作台、设备,甚至是天花板上,让制造商灵活适应不同的应用。UR 机器人独特的力感应和力控制功能可确保工作人员的安全性,因而与机器人协作时,无须佩戴防护装置。当工作人员接触机器人的力超出规定范围时,UR 机器人将自动停止。一些多轴协作机器人采用绝对式磁旋转编码器,如图 4-2-2 所示,令整体性能获得了显著提高。编码器安装在减速器末端,直接监控机器人关节的实际旋转角度。与一些将编码器安装在减速器前端的机器人设计的相比,这种设计方法消除了系统误差,令机器人重复精度达到±0.1 mm,可充分满足大部分市场需求。

光电编码器,是一种通过光电转换将输出轴上的机械几何位移量转换成脉冲或数字量输出的传感器。这是目前应用最多的编码器,光电编码器由光源、透镜、随轴旋转的码盘、窄缝和光敏元件等组成,如图 4-2-3 所示。在伺服系统中,光栅盘与电动机同轴使电动机的旋转带动光栅盘的旋转,再经光电检测装置输出若干个脉冲信号,根据该信号的每秒脉冲数便可计算当前电动机的转速。

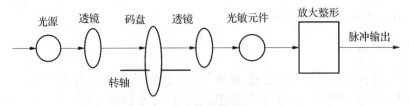

图 4-2-3　光电编码器的组成

光电编码器广泛使用于测量转轴的转速、角位移、丝杆的线位移等方面。具有测量精度高、分辨率高、稳定性好、抗干扰能力强等特点。

光电编码器有国标和非国标两种分类标准。按原料的不同可分为天然橡胶型、塑料型、胶木型和铸铁型,按样式的不同可分为圆轮缘型、内波纹型、平面型、表盘型等等,按工作原理的不同可分为光学型、磁型、感应型和电容型,按刻度方法和信号输出形式的不同可分为增量型、绝对型和混合型。常用的增量式编码器结构如图 4-2-4 所示。

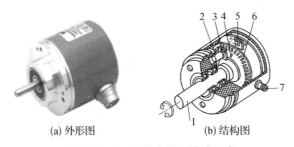

(a) 外形图　　　　　　　(b) 结构图

图 4-2-4　增量式编码器的组成

1-转轴;2-光源;3-光栅盘;4,6-码盘;5-光敏元件;7-数字量输出

光电编码器的码盘输出两个相位差相差 90°的光码,根据双通道输出光码的状态的改变便可判断出电动机的旋转方向。

三、实践知识

1. 分辨率

分辨率是编码器非常重要的技术参数,是指每旋转 360°提供多少的通或暗刻线,也称解析分度或直接称多少线,一般在每转分度 5~10 000 线。

编码器的分辨率比较常用的是增量式光电编码器,它的分辨率又称为线数,比如 2 500 线 4 倍频,那么它的分辨率就是 2 500 * 4＝10 000 个脉冲。

编码器的分辨率越高说明电机的最小刻度就越小,那么电机旋转的角位移也就越小,控制的精度也就越高。在使用过程中要知道编码器转一圈输出多少脉冲。常见的分辨率有 30、60、100、120、200、250、300、360、400、480、500、600、700、800、900、1 000 等。

如 E6B2-CWZ6C 是一款欧姆龙的增量型光电编码器,最大分辨率可达 2 000 线。电源电压多为 5~24 V,输出形式分 NPN 和 PNP 两种。图 4-2-5 所示是一款 NPN 光电编码器,1 000 线,5~24 V 电压,图中输出为 6 线。

(a) 外形图

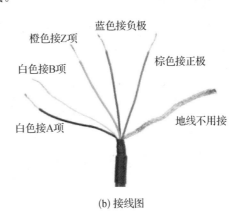

(b) 接线图

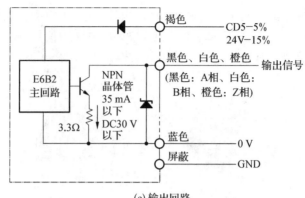

(c) 输出回路

旋转方向：CW
(从轴侧看为向右转)

旋转方向：CCW
(从轴侧看为向左转)

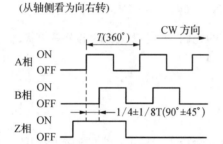 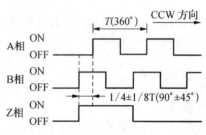

注：①A相比B相超前1/4±1/8T
②动作图的ON、OFF表示输出晶体管的ON、OFF。

注：A相比B相延迟1/4±1/8T

(d) 方向辨别

图 4-2-5　NPN 编码器

　　增量式编码器的输出是 A、B、Z 三组方波脉冲,其中 A、B 两脉冲相位差相差 90°以判断电动机的旋转方向,Z 脉冲为每转一个脉冲以便于基准点的定位。根据 A、B 的相位关系可以清晰地辨别旋转方向,如图 4-2-5 所示。

　　2. Z 相定位

　　增量式编码器可通过原点位置显示简单地进行 Z 相定位。Z 相与原点位置的关系如图 4-2-6 所示,将 D 切口面对准本体的 Z 相原点位置点。

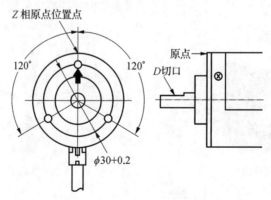

图 4-2-6　编码器 Z 相与原点位置

编码器在电源接通、切断时,可能会产生脉冲,后续机种需要在电源接通 0.1 秒后,切断 0.1 秒前使用。另外,电源接通时,编码器电源接通后,再接通负载电源。

3. 编码器的选型

增量式编码器需要使用额外的电子设备(通常是 PLC、计数器或变频器)以进行脉冲计数,并将脉冲数据转换为速度或运动数据,而绝对式编码器可产生能够识别绝对位置的数字信号。增量式编码器通常更适用于低性能的简单应用,而绝对式编码器则是更为复杂的关键应用的最佳选择——这些应用具有更高的速度和位置控制要求。

根据测量要求选择编码器的类型,增量式编码器每转发出的脉冲数等于它的光栅的线数。在设计时应根据转速测量或定位的度要求,和编码器的转速,来确定编码器的线数。编码器安装在电动机轴上,或安装在减速后的某个转轴上,编码器的转速有很大的区别。还应考虑它发出的脉冲的最高频率是否在 PLC 的高速计数器允许的范围内。

四、理论知识

按刻度方法和信号输出形式的不同可分为增量式编码器和绝对型编码器。

增量式编码器是将位移转换成周期性的电信号,再把这个电信号转变成计数脉冲,用脉冲的个数表示位移的大小。

绝对式编码器的每一个位置对应一个确定的数字码,因此它的示值只与测量的起始和终止位置有关,而与测量的中间过程无关。

1. 增量式编码器

(1)原理

增量式光电编码器主要由光源、码盘、检测光栅、光电检测器件和转换电路组成,如图 4-2-7(a)所示。码盘上刻有节距相等的辐射状透光缝隙,相邻两个透光缝隙之间代表一个增量周期,检测光栅上刻有 A、B 两组与码盘相对应的透光缝隙,用以通过或阻挡光源和光电检测器件之间的光线。它们的节距和码盘上的节距相等,并且两组透光缝隙错开 1/4 节距,使得光电检测器件输出的信号在相位上相差 90°电度角。当码盘随着被测转轴转动时,检测光栅不动,光线透过码盘和检测光栅上的透过缝隙照射到光电检测器件上,光电检测器件就输出两组相位相差 90°电度角的近似于正弦波的电信号,电信号经过转换电路的信号处理,可以得到被测轴的转角或速度信息。增量式光电编码器输出信号波形如图 4-2-7(b)所示。

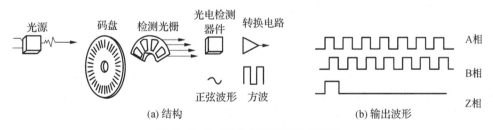

图 4-2-7　增量式编码器工作原理

编码器码盘的材料有玻璃、金属、塑料,玻璃码盘是在玻璃上沉积很薄的刻线,其热稳定性好,精度高,金属码盘不易碎。但由于金属有一定的厚度,精度就有限制,其热稳定性就要比玻璃的差一个数量级,塑料码盘是经济型的,其成本低,但精度、热稳定性、寿命均要差一些。

增量式光电编码器的特点是每产生一个输出脉冲信号就对应于一个增量位移,但是不

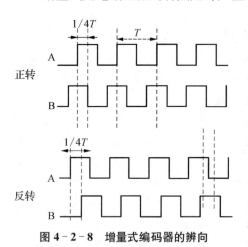

图 4-2-8 增量式编码器的辨向

能通过输出脉冲区别出在哪个位置上的增量。它能够产生与位移增量等值的脉冲信号,其作用是提供一种对连续位移量离散化或增量化以及位移变化(速度)的传感方法,它是相对于某个基准点的相对位置增量,不能够直接检测出轴的绝对位置信息。一般来说,增量式光电编码器输出 A、B 两相互差 90°电度角的脉冲信号(即所谓的两组正交输出信号),从而可方便地判断出旋转方向,如图4-2-8所示。同时还有用作参考零位的 Z 相标志(指示)脉冲信号,码盘每旋转一周,只发出一个标志信号。标志脉冲通常用来指示机械位置或对积累量清零。

(2)基本技术规格

在增量式光电编码器的使用过程中,对其技术规格通常会提出不同的要求,其中最关键的就是它的分辨率、精度、输出信号的稳定性、响应频率、信号输出形式。

① 分辨率

光电编码器的分辨率是以编码器轴转动一周所产生的输出信号基本周期数来表示的,即脉冲数/转(PPR)。码盘上的透光缝隙的数目就等于编码器的分辨率,码盘上刻的缝隙越多,编码器的分辨率就越高。

② 精度

增量式光电编码器的精度与分辨率完全无关,这是两个不同的概念。精度是一种度量在所选定的分辨率范围内,确定任一脉冲相对另一脉冲位置的能力。精度通常用角度、角分或角秒来表示。编码器的精度与码盘透光缝隙的加工质量、码盘的机械旋转情况的制造精度因素有关,也与安装技术有关。

③ 输出信号的稳定性

编码器输出信号的稳定性是指在实际运行条件下,保持规定精度的能力。影响编码器输出信号稳定性的主要因素是温度对电子器件造成的漂移、外界加于编码器的变形力以及光源特性的变化。

④ 响应频率

编码器输出的响应频率取决于光电检测器件、电子处理线路的响应速度。每一种编码器在其分辨率一定的情况下,它的最高转速也是一定的,即它的响应频率是受限制的。编码器的最大响应频率、分辨率和最高转速之间的关系如式(4-2-1)所示。

$$f_{\max} = \frac{R_{\max} N}{60} \qquad\qquad (4-2-1)$$

式中:$f_{\max}$——最大响应频率;

$R_{\max}$——最高转速;

N——分辨率。

⑤ 信号输出形式

在大多数情况下,直接从编码器的光电检测器件获取的信号电平较低,波形也不规则,还不能适应于控制、信号处理和远距离传输的要求。所以,在编码器内还必须将此信号放大、整形。增量式光电编码器的信号输出形式有:集电极开路输出(Open Collector)、电压输出(Voltage Output)、线驱动输出(Line Driver)、互补型输出(Complemental Output)和推挽式输出(Totem Pole)。

集电极开路输出这种输出方式通过使用编码器输出侧的 NPN 晶体管,将晶体管的发射极引出端子连接至 0 V,断开集电极与+Vcc 的端子并把集电极作为输出端。在编码器供电电压和信号接收装置的电压不一致的情况下,建议使用这种类型的输出电路。输出电路如图 4-2-9 所示。主要应用领域有电梯、纺织机械、注油机、自动化设备、切割机械、印刷机械、包装机械和针织机械等。

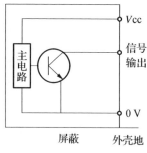

图 4-2-9　OC 型输出

(3) 小结

主要应用:测速、测量转动方向、转角、移动距离等。

优点:结构简单,特别是使用微机采集的时候,使用非常方便。

缺点:断电导致数据丢失,抗干扰能力差。

增量式编码器以转动时输出脉冲,通过计数设备来知道其位置,当编码器不动或停电时,依靠计数设备的内部记忆来记住位置。这样,当停电后,编码器不能有任何的移动,当来电工作时,编码器输出脉冲过程中,也不能有干扰而丢失脉冲,不然,计数设备记忆的零点就会偏移,而且这种偏移的量是无从知道的,只有错误的生产结果出现后才能知道。

解决的方法是增加参考点,编码器每经过参考点,将参考位置修正进计数设备的记忆位置。在参考点以前,是不能保证位置的准确性的。为此,在工控中就有每次操作先找参考点,开机找零等方法。比如,打印机扫描仪的定位就是用的增量式编码器原理,每次开机,我们都能听到噼里啪啦的一阵响,它在找参考零点,然后才工作。

2. 绝对式编码器

绝对式编码器是把被测转角通过读取码盘上的图案信息直接转换成相应代码的检测元件。绝对型旋转光电编码器,因其每一个位置绝对唯一、抗干扰、无须掉电记忆,已经越来越广泛地应用于各种工业系统中的角度、长度测量和定位控制。

绝对编码器光码盘上有许多道刻线,每道刻线依次以 2 线、4 线、8 线、16 线……编排,这样,在编码器的每一个位置,通过读取每道刻线的通、暗,获得一组从 2 的 0 次方到 2 的 $n-1$ 次方的唯一的二进制编码(格雷码),这就称为 n 位绝对编码器。这样的编码器是由码盘的机械位置决定的,它不受停电、干扰的影响。绝对编码器由机械位置决定的每个位置的唯一性,它无须记忆,无须找参考点,而且不用一直计数,什么时候需要知道位置,什么时候就去读取它的位置。这样,编码器的抗干扰特性、数据的可靠性大大提高了。

(1) 原理

① 绝对式光电编码器

绝对式光电编码器是目前应用最多的一种。它在透明圆盘上精确地印制二进制编码。

如图 4-2-10(a)所示,4 位二进制的码盘上各圈圆环分别代表 1 位二进制的数字码道,在同一个码道上印制黑白等间隔图案,形成一套编码。黑色不透光区和白色透光区分别代表二进制的"0"和"1"。在一个 4 位光电码盘上,有 4 圈数字码道,每一个码道表示二进制的一位,里侧是高位,外侧是低位,在 360°范围内可编数码数为 $2^4=16$ 个。

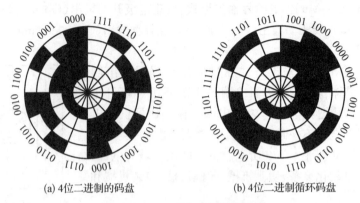

(a) 4位二进制的码盘   (b) 4位二进制循环码盘

图 4-2-10   光电式编码器码盘

工作时,码盘的一侧放置电源,另一边放置光电接收装置,每个码道都对应有一个光电管及放大、整形电路。码盘转到不同位置,光电元件接受光信号,并转成相应的电信号,经放大整形后,成为相应数码电信号。但是四位二进制码盘容易造成非单值性误差。

为了消除非单值性误差,可代用循环码盘。如图 4-2-10(b)所示。

循环码习惯上又称格雷码,它也是一种二进制编码,这种编码的特点是任意相邻的两个代码间只有一位代码有变化,即"0"变为"1"或"1"变为"0"。因此,在两数变换过程中,所产生的读数误差最多不超过"1",只可能读成相邻两个数中的一个数。循环码能消除非单值线性误差。

② 电磁式编码器

在数字式传感器中,电磁式编码器是近年发展起来的一种新型电磁敏感元件,它是随着光电式编码器的发展而发展起来的。光电式编码器的主要缺点是对潮湿气体和污染敏感,且可靠性差,而电磁式编码器不易受到尘埃和结露影响,同时其结构简单紧凑,可高速运转,响应速度快(可达 500~700 kHz),体积比光电式编码器小,而成本更低,且易将多个元件精确的排列组合,比用光学元件和半导体磁敏元件更容易构成新功能器件和多功能器件。输出不仅具有比一般编码器仅有的增量信号及指数信号,还具有绝对信号输出功能。

(2) 小结

主要应用:测速位移、转角。

优点:它不受停电、干扰的影响。绝对编码器由机械位置决定的每个位置是唯一的,它无须记忆,无须找参考点,而且不用一直计数,什么时候需要知道位置,什么时候就去读取它的位置。这样,编码器的抗干扰特性、数据的可靠性大大提高了。

缺点:成本高。

一般情况下,绝对式编码器的测量范围为 0°~360°,称为单圈绝对值编码器。

标准分辨率,用位数 $2n$ 表示,即最小分辨率角为 $360°/2n$。

如果要测量旋转超过 360°范围,就要用到多圈绝对值编码器。编码器生产厂家运用钟表齿轮机械的原理,当中心码盘旋转时,通过齿轮传动另一组码盘(或多组齿轮,多组码盘),在单圈编码的基础上再增加圈数的编码,以扩大编码器的测量范围,这样的绝对编码器就称为多圈式绝对编码器,它同样是由机械位置确定编码,每个位置编码唯一不重复,而无须记忆。多圈编码器另一个优点是由于测量范围大,实际使用往往富裕较多,这样在安装时不必要费劲找零点,将某一中间位置作为起始点就可以了,而大大简化了安装调试难度。

3. 光电编码器测速

在电机控制中可以利用定时器/计数器配合光电编码器的输出脉冲信号来测量电机的转速。具体的测速方法有 M 法、T 法和 M/T 法 3 种。

(1) M 法

M 法是通过测量采样时间内光电编码器的输出脉冲的数量来实现速度测量的。测速原理,如图 4 - 2 - 11 所示。

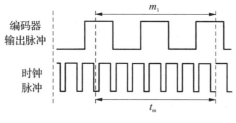

图 4 - 2 - 11　M 法测速原理

设编码器每转产生 N 个脉冲,则测量时间间隔 t_m 内得到 m_1 个脉冲,则角编码器所产生的脉冲频率为 $f = \dfrac{m_1}{t_m}$,则被测转速 $n(\text{r/min}) = 60\dfrac{f}{N} = 60\dfrac{m_1}{t_m N}$。

M 法测速适用于测量高转速,因为对于给定的光电编码器线数 N 和测量时间 t_m 条件下,转速越高,计数脉冲越大,误差也就越小。

(2) T 法

T 法也称为测周法,该测速方法是在一个脉冲周期内对时钟信号脉冲进行计数的方法。

如图 4 - 2 - 12 所示,设编码器每转产生 N 个脉冲,用已知频率为 f 的时钟脉冲向一计数器发送脉冲数,此计数器由测速脉冲的两个相邻脉冲控制其开始和结束。若计数器的读数为 m_2,则被测转速 $n(\text{r/min}) = 60\dfrac{f}{Nm_2}$。

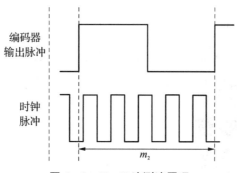

图 4 - 2 - 12　T 法测速原理

为了减小误差,希望尽可能记录较多的脉冲数,因此 T 法测速适用于低速运行的场合。但转速太低,一个编码器输出脉冲的时间太长,时钟脉冲数会超过计数器最大计数值而产生溢出;另外,时间太长也会影响控制的快速性。与 M 法测速一样,选用线数较多的光电编码器可以提高对电机转速测量的快速性与精度。

（3）M/T 法

M/T 法测速是将 M 法和 T 法两种方法结合在一起使用,在一定的时间范围内,同时对光电编码器输出的脉冲个数 m_1 和 m_2 进行计数。

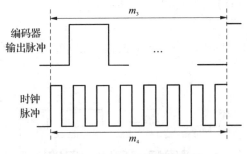

图 4-2-13　M/T 法测速原理

如图 4-2-13 所示,编码器每转产生 N 个脉冲,被测速脉冲数为 m_1,计数器的读数为 m_2,则被测转速 n(r/min)为: $n = 60 \dfrac{f}{N} \cdot \dfrac{m_1}{m_2}$。

采用 M/T 法既具有 M 法测速的高速优点,又具有 T 法测速的低速的优点,能够覆盖较广的转速范围,测量的精度也较高,在电机的控制中有着十分广泛的应用。

五、光电编码器电路的仿真

如图 4-2-14 所示,通过编码器对直流电机进行测速。将编码器输出信号送入 D 触发器并观察正反转方向,正转时指示灯 D_1 亮,反转时 D_2 亮。编码器的输出波形也可通过示波器进行观察。

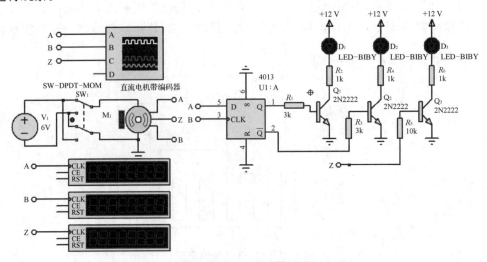

图 4-2-14　编码器测速

六、制作光电编码器测速实训项目

1. 任务

利用增量型光电编码器,结合 Arduino 模块,制作电机测速电路,显示电机旋转速度。

2. 编码器

常用的增量型编码器有很多不同型号的旋转编码器,其输出脉冲的相数也不同,有的旋转编码器输出 A、B、Z 三相脉冲,有的只有 A、B 相两相,最简单的只有 A 相。

如单相联接,用于单方向计数,单方向测速。

A、B 两相联接,用于正反向计数、判断正反向和测速。

A、B、Z 三相联接,用于带参考位修正的位置测量。

本实训采用一款旋转编码器模块,如图 4-2-15 所示,工作电压为 5 V,一圈脉冲数为 20。旋转编码器模块有 5 个引脚,分别是 V_{cc}, GND, SW, CLK, DT。其中 V_{cc} 和 GND 用来接电源和地,按缩写 SW 应该是 Switch(开关)、CLK 是 Clock(时钟)、DT 是 Data(数据)。两个引脚那一端为普通的按键,也就是圆柄按下去的那个按键,当作普通按键使用即可。右边三个引脚中间的为 GND,两边为两路脉冲信号 CLK 和 DT。旋转编码器的操作是旋转和按压转轴,在按下转轴的时候 SW 引脚的电平会变化,旋转的时候每转动一步 CLK 和 DT 的电平是有规律地变化的。

图 4-2-15　A、B 两相旋转编码器

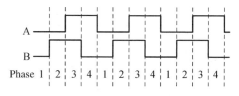

图 4-2-16　软件四倍频

3. 测速原理

如图 4-2-16 所示,是编码器输出的波形图。可以看到编码器输出的 A、B 相波形,正常情况下我们使用 M 法测速的时候,会通过测量单位时间内 A 相输出的脉冲数来得到速度信息。常规的方法,我们只测量 A 相(或 B 相)的上升沿或者下降沿,也就是图 4-2-16 中对应的数字 1、2、3、4 中的某一个,这样就只能计数 3 次。而四倍频的方法是测量 A 相和 B 相编码器的上升沿和下降沿。这样在同样的时间内,可以计数 12 次(3 个 1、2、3、4 的循环)。这就是软件四倍频的原理。通过读取更多的数值来减少误差。

在使用编码器测速前,首先需要弄清楚配套电机的转速。当电机转一圈之后就会输出相应的脉冲数设为 A,所以我们如果能计算单位时间里的总脉冲数设为 X,那么 X/A 就是单位时间内转的圈数,即转速。所以如果想测电机的速度,只需要计算单位时间内的脉冲数,就可以计算转速了。

SGM25-370 是一款直流减速电机,减速比 34∶1。编码器一圈 20 个脉冲。电机输出轴转 1 圈,输入轴就要转 34 圈。即电机输出轴转 1 圈,编码器就要输出 20 * 34＝680 个脉冲。在单位时间 T 内测出一相有 N 个脉冲,那么转速＝$N/(680 * T)$。经过四倍频后,转速＝$N/(4*680*T)$。

4. 接线图

引脚接线	
Arduino	旋转传感器
D2	CLK
D3	DT
D4	SW
5 V	$+V_{CC}$
GND	GND

图 4-2-17 接线图

5. 参考程序

```
const int d_time= 100;//设定单位时间
int flagA= 0;
int flagB= 0;//标志位设定
int AM1= 2;
int BM1= 3;//A 相、B 相输入引脚的定义
int AIN1= 7;
int AIN2= 8;
int PWMA= 9;//AIN1、2 和 PWMA 是电机输出引脚的定义
int valA= 0;
int valB= 0;//用来储存 A 相、B 相记录的脉冲数
double n;//存储转速的变量
unsigned long times;
unsigned long newtime;//时间变量
void go(int g);
void back(int b);
void stay();//电机子函数申明
void setup(){
    Serial.begin(9600);//串口初始化
    pinMode(AIN1,OUTPUT);
    pinMode(AIN2,OUTPUT);
    pinMode(PWMA,OUTPUT);//AIN1、2 和 PWMA 引脚的输出方式
    pinMode(AM1,INPUT);
    pinMode(BM1,INPUT);//AM1、BM2 引脚的输入方式
}
void loop(){
    go(255);//调用 go()子函数
```

```
    newtime= times= millis();
    while((newtime- times)< d_time)   {
      if(digitalRead(AM1)= = HIGH && flagA= = 0)       {
       valA+ + ;
       flagA= 1;
        }
      if(digitalRead(AM1)= = LOW && flagA= = 1)       {
         valA+ + ;
         flagA= 0;
          }
         if(digitalRead(BM1)= = HIGH && flagB= = 0)       {
         valB+ + ;
         flagB= 1;
          }
      if(digitalRead(BM1)= = LOW && flagB= = 1)       {
         valB+ + ;
         flagB= 0;
          }
         newtime= millis();
    }//计算 A、B 两相的脉冲数
    n= (valA+ valB)/(1.496* d_time);//计算转速
    Serial.print(n);
    Serial.println("rad/s");//输出转速数值
    valA= valB= 0;//清零储存脉冲数的变量
}
/* * * * * * * * * * * * * * * * * * * * * * * * * * * * * * *
子函数程序* * * * * * * * * * * * * * * * * * * * * * * * * * * * * * * /
    void go(int a){
    digitalWrite(AIN1,HIGH);
    digitalWrite(AIN2,LOW);
    analogWrite(PWMA,a);
    }
    void back(int b){
    digitalWrite(AIN1,LOW);
    digitalWrite(AIN2,HIGH);
    analogWrite(PWMA,b);
    }
    void stay(){
    digitalWrite(AIN1,HIGH);
```

```
digitalWrite(AIN2,HIGH);
}
```

七、拓展知识

交流伺服电动机是当前伺服控制中最新技术之一。交流伺服电动机的运行需要角度位置传感器,以确定各个时刻转子磁极相对于定子绕组转过的角度,从而控制电动机的运行。交流伺服电机结构如图 4-2-18 所示,控制系统如图 4-2-19 所示。

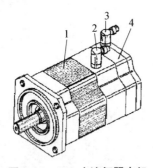

图 4-2-18 交流伺服电机

1-电动机本体;2-三相电源(U、V、W)连接座;3-光电编码器信号输出及电源连接座;4-光电编码器

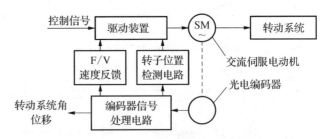

图 4-2-19 交流伺服电机控制系统

光电编码器在交流伺服电动机控制中的作用体现在三个方面:

① 检测电动机转子磁极相对于定子绕组磁极的角度位置(两磁极轴心线的夹角 θ),反馈给驱动器,通过 PWM 控制回路,来控制电机定子绕组中的相电流,使电动机同步运行。

② 提供速度反馈信号(输出的脉冲,经 F/V 转换成电压信号反馈给驱动器,转速 n 与电压 v 成正比)。

③ 提供位置反馈信号(检测电机的转角,转换为电脉冲信号,反馈给 CNC,构成半闭环控制系统)。

4.3 光栅传感器与应用

一、教学目标

终极目标:会使用光栅传感器,理解光栅传感器的工作原理。

促成目标:

1. 掌握光栅传感器在各种场合中的常见应用。

2. 能了解光栅传感器的特性,掌握光栅传感的工作原理。

3. 掌握光栅传感应用电路。

二、工作任务

工作任务:分析光栅传感器的组成、原理及各部分的关系,并掌握其应用。

光栅传感器指采用光栅叠栅条纹原理测量位移的传感器。光栅传感器具有测量精度高、动态测量范围广、可进行无接触测量且易实现系统的自动化和数字化等优点,因而在机械工业中得到了广泛的应用。特别是在数控机床的闭环反馈控制、工作母机的坐标测量等方面,光栅传感器都起着重要作用。

光栅传感器通常作为测量元件应用于机床定位、长度和角度的计量仪器中,并用于测量速度、加速度和振动等。

随着工业自动化的高速发展,各种机器人在生产过程中的作用越来越大,大量的成熟的机器人技术取代了过去的人工操作,成为生产过程中重要的生产手段。在高端精度机器人使用上,光栅尺相比磁栅有着更大的优势,成为帮助实现机器人高精度的一个重要因素。光栅作为附加编码器,被安装在各轴传动系的输出侧,以测量和控制每个轴的真实位置,使得机器人便可以精确控制位置,如图 4-3-1 所示。

(a) 机器人　　　　　　(b) 机器人的定位系统结构

图 4-3-1　机械臂回转轴上的绝对式圆光栅

光栅是由很多等节距的透光缝隙和不透光的刻线均匀相间排列构成的光电器件。按其原理和用途,分为物理光栅和计量光栅。物理光栅利用光的衍射现象,主要用于光谱分析和光波长等量的测量。计量光栅主要利用莫尔现象,测量位移、速度、加速度、振动等物现量。计量光栅又有透射光栅和反射光栅之分,具体制作时又可制作成线位移的长光栅和角位移的圆光栅,如图 4-3-2 所示。本节主要介绍计量光栅。它是利用光栅莫尔条纹现象,以线位移和角位移为基本测试内容,具有结构原理简单、测量精度高等优点,在机器人、数控机床和仪器的精密定位或长度、速度、加速度、振动测量等方面得到了广泛应用。

(a) 圆光栅　　　　　　　　　　　　(b) 长光栅

图 4-3-2　光栅传感器

光栅传感器由主光栅、指示光栅、光路系统和测量系统四部分组成。标尺光栅相对于指示光栅移动时,便形成大致按正弦规律分布的明暗相间的叠栅条纹。这些条纹以光栅的相对运动速度移动,并直接照射到光电元件上,在它们的输出端得到一串电脉冲,通过放大、整形、辨向和计数系统产生数字信号输出,直接显示被测的位移量。

主光栅和指示光栅的栅距相等,指示光栅比主光栅要短很多。主光栅和指示光栅相互

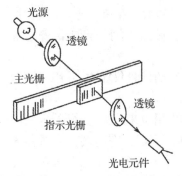

图 4-3-3 光栅传感器的组成

重叠,但又不完全重合。两者栅线间会错开一个很小的夹角,以便得到莫尔条纹。一般主光栅是活动的,它可以单独地移动,也可以随被测物体而移动,其长度取决于测量范围。指示光栅相对于光电器件而固定。光源可采用钨丝灯泡,它有较小的功率,与光电元件组合使用时,转换效率低,使用寿命短,或者采用半导体发光器件,如砷化镓发光二极管,它的峰值波长与硅光敏三极管的峰值波长接近,因此,有很高的转换效率,也有较快的响应速度。

光电元件是用来感知主光栅在移动时产生莫尔条纹的移动,从而测量位移量。在选择光敏元件时,要考虑灵敏度、响应时间、光谱特性、稳定性、体积等因素。

三、实践知识

透射式光栅传感器全封闭光学系统,多采用波长为 800 mm 的红外线,读数头采用玻璃刻度,光栅栅距多为 10～20 μm,工作电压多为 5 V 或者 12 V,精度 1U、精度 5U。有效行程为 50～3 000 mm 不等,1 000 m 以下为中小尺,1 000 mm 以上为尺,如图 4-3-4 所示,一般超过 600 mm 需要定制。

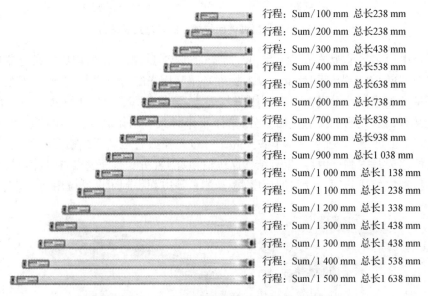

行程:Sum/100 mm 总长238 mm
行程:Sum/200 mm 总长238 mm
行程:Sum/300 mm 总长438 mm
行程:Sum/400 mm 总长538 mm
行程:Sum/500 mm 总长638 mm
行程:Sum/600 mm 总长738 mm
行程:Sum/700 mm 总长838 mm
行程:Sum/800 mm 总长938 mm
行程:Sum/900 mm 总长1 038 mm
行程:Sum/1 000 mm 总长1 138 mm
行程:Sum/1 100 mm 总长1 238 mm
行程:Sum/1 200 mm 总长1 338 mm
行程:Sum/1 300 mm 总长1 438 mm
行程:Sum/1 300 mm 总长1 438 mm
行程:Sum/1 400 mm 总长1 538 mm
行程:Sum/1 500 mm 总长1 638 mm

图 4-3-4 光栅传感器的常见量程与总长

在使用光栅传感器的过程中,要注意安装位置。传感器的工作长度应大于机床的行程,以免将光学尺撞坏。传感器安装平面,只要是非机械加工面,必须于传感器尺身面加垫片或用户自制安装块垫平,以保证传感器与安装面连接的稳定可靠性。安装传感器时,传感器的尺身与机床导轨的平行度小于 0.1 mm,不超过 0.15 mm,当传感尺身工作长度大于1 000 mm时,应加装安装块以保证传感器尺身与导轨的平行度。信号线的固定必须考虑到全部相关移动距离,固定位置尽量在行程中央,并将多余的线扎好固定。

传感器和数显表(箱)应放在干燥而温度适宜的机床位置上。同时要注意传感器开口方向必须避开铁屑、油水、粉尘等的接触污染。引出的电缆线应固定在机床上。仪器应保持清洁,开口处的防尘橡皮,如粘有砂粒废屑等,应用软纸揩去,注意不要揩入仪器内。经过一年的使用,对壳体内表面宜用干燥清洁的细纱布或棉花醮上一点酒精和乙醚混合剂拂拭,不要重揩,以防表面损坏。

光栅尺输出的是 TTL 方波信号,脉冲输出,单波的为 A+、B— 两路相差 90°的方波信号。双波的是 A+、A—、B+、B— 四路信号,也即是差分信号。光栅尺的栅距是每 1 mm 刻 50 线,即 0.02 mm,20 μm。

光栅尺和数显装置配套使用时,可满足各种中小机床和其他精密测量的线性位移数字显示。

四、理论知识

1. 光栅结构

以光学玻璃为基体,在上面均匀地刻制上明暗相间、等间距等宽度的细小条纹(刻线),这就是光栅。如图 4-3-5 所示,a 为栅线的宽度(不透光),b 为栅线的间距(透光),$a+b$ 为栅距 W。常用的光栅栅线密度是 10 线/mm、25 线/mm、50 线/mm、100 线/mm、200 线/mm 等。

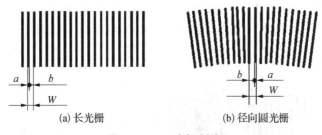

(a) 长光栅　　　　　　　　(b) 径向圆光栅

图 4-3-5　光栅刻线

计量光栅按应用范围不同可分为透射光栅和反射光栅;按用途不同分为长光栅和圆光栅,如图 4-3-6 所示;按光栅表面结构不同分为幅值(黑白)光栅和相位光栅。

(a) 长光栅　　　　　　　　(b) 圆光栅

图 4-3-6　光栅类型

长光栅又称为光栅尺,用于长度或直线位移的测量;圆光栅又称为光栅盘,用来测量角度或角位移。幅值光栅只对入射光的振幅或光强进行调制;相位光栅对入射光的相位进行调制。

2. 莫尔条纹

莫尔条纹是 18 世纪法国研究人员莫尔首先发现的一种光学现象。从技术角度上讲,莫尔条纹是两条线或两个物体之间以恒定的角度和频率发生干涉的视觉结果,当人眼无法分辨这两条线或两个物体时,只能看到干涉的花纹,这种光学现象中的花纹就是莫尔条纹。如图 4-3-7 所示,将两个参数相近的透射光栅以小角度叠加,产生放大的光栅,形成明暗交替出现的条纹。

光栅A　　　　　　　　　光栅B　　　　　　　A和B叠加的结果

图 4-3-7　光栅叠加

计量光栅的基本元件是主光栅和指示光栅。主光栅的刻线一般比指示光栅长,但是刻线宽度和间距完全相同。若将两块光栅(主光栅、指示光栅)叠合在一起,并且使它们的刻线之间成一个很小的角度 θ,由于遮光效应,两块光栅的刻线相交处形成亮带,而在一块光栅的刻线与另一块光栅的缝隙相交处形成暗带,在与光栅刻线垂直的方向,将出现明暗相间的条纹,这些条纹就称为莫尔条纹。莫尔条纹方向和刻线条纹放心近似垂直,指示光栅左右移动时,莫尔条纹上下移动,如图 4-3-8 所示。

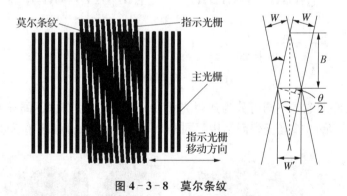

图 4-3-8　莫尔条纹

当光栅栅线宽度和栅距相等时,形成的亮、暗带距相等,统一称为条纹间距 B。改变夹角 θ,条纹间距 B 也随之改变。

莫尔条纹具有以下作用:

(1) 放大作用,莫尔条纹的间距是放大了的光栅栅距,光栅栅距很小,肉眼看不清楚,而莫尔条纹却清晰可见。

根据推算,条纹间距 B 约等于光栅栅距 W 除以刻线夹角 θ。由此可见,θ 越小,B 越大。B 相当于把 W 放大了 $1/\theta$ 倍。设 $\theta=0.1°=0.001\ 745$ rad,则 $1/\theta=1/0.001\ 745$,相当于把栅距放大了 573 倍,提高了测量的灵敏度。

(2) 对应关系,两块光栅沿栅线垂直方向作相对移动时,莫尔条纹通过光栅外狭缝板到固定点(光电元件安装点)的数量正好和光栅所移动的栅线数量相等。光栅做反向移动时,莫尔条纹移动方向也随之改变,有助于判别光栅的运动方向。

(3) 平均效应,莫尔条纹由大量的光栅栅线共同形成,所以对光栅栅线的刻划误差有平均作用。通过莫尔条纹所获得的精度可以比光栅本身栅线的刻划精度还要高。

利用光栅具有莫尔条纹的特性,可以通过测量莫尔条纹的移动数量,来测量两个光栅之间的相对移动量,这比直接计数光栅的线纹更容易,加上莫尔条纹是由光栅的大量刻线形成,具有误差平均作用,所以称为精密测量位移的有效手段。

因此,计量光栅特别适合于小位移、高精度位移测量。

光栅传感器的特点:

① 可实现动态测量:易于实现测量及数据处理的自动化。

② 具有较强的抗干扰能力:对环境条件的要求不像激光干涉传感器那样严格,但不如感应同步器和磁栅传感器的适应性强,油污和灰尘会影响它的可靠性。主要适用于在实验室和环境较好的车间使用。

③ 精度高:光栅传感器在大量程测量长度或直线位移方面仅仅低于激光干涉传感器。在圆分度和角位移连续测量方面,光栅传感器属于精度最高的。

④ 大量程测量兼有高分辨力:感应同步器和磁栅传感器也具有大量程测量的特点,但分辨力和精度都不如光栅传感器。

3. 测量电路

(1) 光电转换

计量光栅作为一个完整的测量装置包括光栅读数头和光栅数显表两大部分。光栅读数头把输入量(位移量)转换成相应的电信号;光栅数显表是实现细分、辨向和显示功能的电子系统。

光电转换装置(光栅读数头)主要由主光栅、指示光栅、光路系统和光电元件等组成,如图 4-3-3 所示。主光栅(标尺光栅)一般固定在被测物体上,随被测物体一起移动,指示光栅相对光电元件固定。

莫尔条纹是一个明暗相间的光带。两条暗带中心线之间的光强变化是从最暗、渐亮、最亮、渐暗直到最暗的渐变过程。主光栅移动一个栅距 W,光强变化一个周期,若用光电元件接收莫尔条纹移动时光强的变化,则将光信号转换为电信号,接近于正弦周期函数,可表示为:

$$u_\text{o}=U_\text{o}+U_\text{m}\sin\left(\frac{\pi}{2}+\frac{2\pi x}{W}\right) \qquad (4-3-1)$$

式中:u_o——光电元件输出电压;

U_o,U_m——输出电压中的平均直流分量和正弦交流分量的幅值;

W,x——光栅的栅距和光栅位移。

如图 4-3-9 所示,输出电压反映了瞬时位移量的大小。当 x 从 0 变化到 W 时,相当于角度变化 $360°$,即一个栅距 W 对应一个周期。假设采用 50 线/mm 的光栅,主光栅移动 x(mm),指示光栅上的莫尔条纹就移动了 $50x$(即光电元件检测到的脉冲数 p)。用计数器进行记录,就可以知道移动的相对距离 x,即

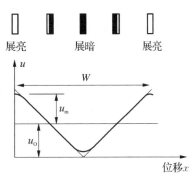

图 4-3-9　光电元件的输出波形

$$x = \frac{p}{n} \quad (\text{mm}) \tag{4-3-2}$$

式中：p——检测到的脉冲数；

n——光栅的刻线密度（线/mm）。

（2）辨向与细分

① 辨向

如果传感器只安装一套光电元件，光栅是正向移动还是反向移动，莫尔条纹都做明暗交替变化，光电元件总是输出同一规律变化的电信号，此信号只能计数，不能辨向。为此，必须设置辨向电路。

为了辨别方向，通常采用在相隔 1/4 莫尔条纹间距的位置上安装 2 个光电元件，获得相位差为 90° 的两个信号，经过整形后得到两个方波信号 u_{os}' 和 u_{oc}'，然后送到辨向电路进行处理。

如图 4-3-10 所示，当指示光栅沿着正向移动时，u_{os}' 经过微分电路后产生的脉冲，刚好

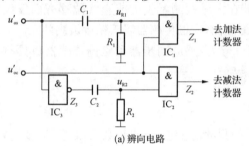

(a) 辨向电路

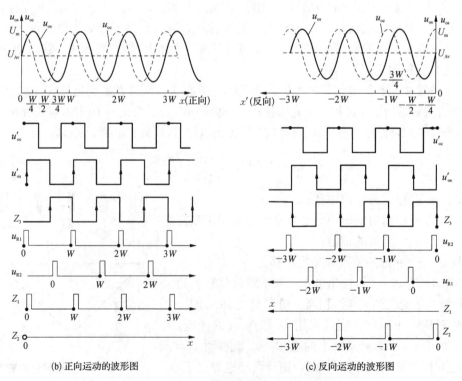

(b) 正向运动的波形图　　　　　　　(c) 反向运动的波形图

图 4-3-10　辨向电路逻辑电路原理图

发生在 u'_{oc} 的"1"电平时,从而经 IC_1 输出一个计数脉冲; u'_{os} 经反相并微分后产生的脉冲,则与 u'_{oc} 的"0"电平相遇,导致 IC_2 被阻塞,无脉冲信号输出。

当指示光栅沿着反向移动时, u'_{os} 经过微分电路后产生的脉冲,刚好发生在 u'_{oc} 的"0"电平时, IC_1 无脉冲输出; u'_{os} 经反相并微分后产生的脉冲,则与 u'_{oc} 的"1"电平相遇, IC_2 输出一个计数脉冲。

② 细分

光栅测量原理是通过移动的莫尔条纹的数量来确定位置,其分辨率为光栅栅距。为了提高分辨力,可以采用增加刻线密度的方法来减少栅距,但这种方法受到制造工艺或成本的限制。另一种方法是采用细分技术,可以在不增加刻线数的情况下提高光栅的分辨力,在光栅每移动一个栅距,莫尔条纹变化一周时,不只输出一个脉冲,而是输出均匀分布的 n 个脉冲,从而使分辨力提高到 W/n。由于细分后计数脉冲的频率提高了,细分又称为倍频。

细分是为了得到比栅距更小的分度值。假设莫尔条纹信号变化一个周期内,发出 n 个计数脉冲,以减小每个脉冲相当的位移,相应地提高分辨率。

细分方法有机械和电子方式实现,常用倍频细分法和电桥细分法。利用电子方式可以使分辨率提高几百倍甚至更高。

4. 应用

光栅尺作为数控机床检测元件,作用就如同人的眼睛,就是观察该直线轴在执行数控系统发出的移动指令后,这条直线轴是否能够准确地运行到数控系统指令所向的位置。若数控机床没有安装光栅尺,那么数控系统发出直线轴的移动指令后,直线轴是否能根据要求到达位置,则要通过数控系统调试的精度和机械传动精度两者来完成。但是数控机床使用时间达到一定程度以后,由于电气调试参数的改变和机械误差值增大等因素,这条直线轴很可能会跟数控系统的数据产生误差,这时候就会使得检测效果不能够保持准确,那么要想知道这个误差从何而来,则需要维修人员就要对机床的精度进行检测。光栅尺作为位置检测元件,会向数控系统发出指令,令直线轴到达比较准确的位置,直到光栅尺的分辨率分辨不出来。

现代的自动控制系统中已广泛地采用光栅尺来解决轴的线位移、转速或转角的监测和控制问题。尤其是金属切削机床加工量的测量和 CNC 加工中心位置环的控制,如图 4-3-11 所示。

图 4-3-11　数控机床和加工中心

在一般的应用场合下,伺服电机已经可以达到很高的定位精度,但是在一些特殊情况下,例如机械传动精度差,或者结构安装偏差较大的情况下,会导致执行机构的实际定位精度达不到伺服电机的理论精度。在这种情况下,增加光栅尺与伺服电机构成全闭环系统,是一个非常简便与极具性价比的改进方案,如图 4-3-12 所示。光栅数字传感器用于数控机床的位置检测和位置闭环控制系统框图。由控制系统生成的位置指令 P_c 控制工作台移动。工作台移动过程中,光栅数字传感器不断检测工作台的实际位置 P_f,并进行反馈(与位置指令 P_c 比较),形成位置偏差 $P_e(P_e=P_f-P_c)$。当 $P_f=P_c$ 时,则 $P=0$,表示工作台已到达指令位置,伺服电动机停转,工作台准确地停在指令位置上。

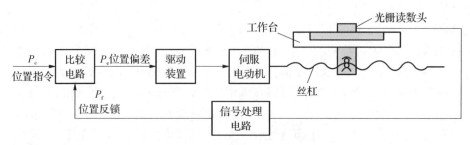

图 4-3-12　数控机床位置控制框图

在码垛机运行过程中,如发生滑齿等现象时,系统的控制指令发出的脉冲得到执行,编码器也能够检测到相应的脉冲数,可是机构运行的当前位置会发生偏移,这是原有系统所检测不到的。为防止这种现象,在改进方案中引入光栅尺传感器来测量码垛机在运动过程中各轴所在的当前位置。光栅尺传感器主要用在运动控制系统的闭环控制当中,可以对机构运动的直线位移或者角位移进行测量,将测量信号传递给控制器,即可实现运动控制的闭环控制,使得整个控制系统的定位精度大大提高。在码垛机器人的三轴中加入光栅尺传感器,实现当前位置的实时反馈,确保机构能够正确运行指令所发出的位移信息,实现系统的闭环反馈控制。

五、拓展知识

在工业生产中,柔性的自动化机器能够快速地适应不断变化的生产条件,其需求量日益增长。人员应当能够不受阻碍地进入,同时免受危险。机器人的速度、力量和性能往往离不开有效的防护措施。因此需要在一些自动化机器上安装光电保护、机械保护装置、液压式保护装置。

随着人与机器人之间的交互愈发密切,安全解决方案将发挥关键作用:使工作更加安全。这一点可以通过坚固可靠的智能传感器与安全赋予的适应性感知能力得以实现。装设安全围栏是保证现场工作人员安全技术措施之一,主要用于人员对设备检修等操作进行安全防护作用,包括立柱、网格围栏、安全门锁、照明灯、警示灯、安全光栅等。区域保护光幕,很多人称之为电子转栏,多用于大型设备保护,可以落地安装,在地面安装时,安装方便,具有多方位可调。如图 4-3-13 所示,机器人外围安装一对安全光栅,可以实现机器人安全防护的功能;将安全光幕安装在机器人有效工作区域之外,通过安全光幕形成的光幕保护区域。当有工人进入到或穿过该区域时,安全光幕就会通过缆线将信号传输给机器人,使其机器人停止运行。

图 4-3-13　安装安全光栅的机器人

安全光栅由发光器和受光器两部分组成。发光器发调制的红外光,由受光器接收,形成保护光幕网,当有物体进入保护网或被遮挡时,通过内部控制线路,受光器电路马上作出反应,即输出一个给机器,从而使机器停止运行或安全,从而避免安全事故的发生,如图 4-3-14 所示。

图 4-3-14　安全光栅

不同于光电传感器、安全性光栅具有自检功能来监测光栅系统的内部故障。一旦发现内部故障,系统会立即发出目标机器的紧急停止信号。随后光栅进入停机模式,只有当故障部件被更换,并进行了正确的复位操作后,光栅才会允许重新启动工作模式。安全输出信号冗余是安全自检时的另一种常见情况。

作业点保护主要防止操作员在物质配置或者工程作业进行的范围内受到危险和伤害。作业点通常被称为危险作业区或紧急作业点。这种保护常常被应用在机械和水力压榨、成型压榨、冲压、成型、铆接、穿眼及自动装配机械。在这些场合使用的安全性光栅系统通常针对手指和手的保护。

习题

4.1　超声波的特性有哪些?

4.2　超声波传感器的工作原理是什么?

4.3　简述超声波测距的原理。

4.4　光电编码器一般有哪几部分组成?

4.5　比较增量式编码器和绝对式编码器的异同点。

4.6　简述光电编码器的测速原理。

4.7　简述莫尔条纹的放大作用。

4.8　简述光栅细分和辨向的原理。

第5章

智能家居传感器仿真与设计

智能家居传感器能根据人们的需求做出相应的反应,极大地提高了人们的生活安全性。如:人体红外传感器:在人体感应范围内,有人来回走动时,设备能将人体的移动信号报给主机,主机再将报警信息推送至手机 App,以达到实时报警的功能,也可布置在门口、窗台;智能门窗磁:门窗传感器粘贴在家里的门和窗上,门窗磁传感器通过主体与副体之间相互感应判断门窗开关状态,异常状况及时提醒;可燃气体传感器:探测可燃气体,预防不可知的危险,当生活环境中的可燃气体浓度达到报警探测值,就会发出警报,及时提醒安全隐患;温湿度传感器:实时监测室内温湿度,与智能家居系统联动,营造绿色、健康的家居环境;红外幕帘探测器:采用科学角度设计,可探测范围左右 100°,前后 10°,半径 0～5 m 扇形空间统统都可防范,探测面积更大,守护更全面。

智能家居通过技术手段提高了人们的物质生活质量。当然,高质量的生活还包括精神方面,高质量的精神生活通常较难通过技术手段来提高,可通过自身学识、自身修养和优秀传统文化传承等来提高和实现。

5.1 热敏电阻传感器与应用

一、教学目标

终极目标:会使用热敏电阻传感器,理解热敏电阻传感器的工作原理。
促成目标:
1. 掌握热敏电阻在各种场合中的常见应用。
2. 能正确分析热敏电阻的工作原理,掌握热敏电阻的工作特性。
3. 会仿真热敏电阻电路。
4. 会制作典型热敏电阻产品电路。

二、工作任务

工作任务:分析制作一种汽车空调温度控制电路,温度传感器的选型,传感器的工作原理,并掌握其应用。

在家用电器中,大量设备如电冰箱、电饭煲,热水器等,都要对温度进行测量。现在的冰箱要求保鲜功能越来越精确,对温度的控制要求也更高,这就需要我们对其温度进行检测,这里使用的温度传感器要求体积小、重量轻、价格低,可以选用热敏电阻作为测温传感器。

热敏电阻元件如图 5-1-1 所示,其电路符号如图 5-1-2 所示。

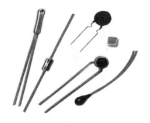

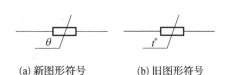

(a) 新图形符号　　(b) 旧图形符号

图 5-1-1　热敏电阻元件　　图 5-1-2　热敏电阻电路符号

　　热敏电阻是一种新型的半导体测温元件,它是利用半导体的电阻随温度变化的特性而制成的,如图 5-1-3 所示为家电控温电路。

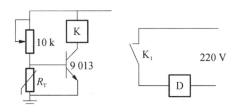

图 5-1-3　家电控温电路

　　温度过高,R_T 减小,T 截止,K 失电,K_1 断开,负载失电。若 R_T 为正温度系数,R_W 与 R_T 对调即可。

　　热敏电阻工作原理分析:

　　(1) 将热敏电阻用两根细导线引出,接万用表的电阻挡,靠近电烙铁或用电吹风热风吹,观察阻值的变化。

　　(2) 将 R_T 换作正温度系数热敏电阻,将 10 kΩ 电位器 R_W 与 R_T 对调,按电路连接完成,并接入 5 V 电源,分别在不同的温度下测量电路输出电压(R_W 两端的电压),对数据进行分析,以验证热敏电阻的工作原理。

三、实践知识

　　汽车空调自动温度控制系统(Automatic Train Control,ATC),俗称恒温空调系统,一旦设定目标温度,ATC 系统即自动控制与调整,使车内温度保持在设定值。其中温度传感器一般选用热敏电阻制造而成。

　　热敏电阻传感器的种类和型号较多,按温度系数不同可分为正温度系数热敏电阻(PTC)和负温度系数热敏电阻(NTC)两种。PTC 的阻值随温度升高而增大,NTC 的阻值则随温度升高而减小。因此应根据电路的具体要求来选择适合的热敏电阻传感器。温度检测常用 NTC 热敏电阻,主要有 MF53 系列和 MF57 系列,每个系列又有多种型号(同一类型、不同型号的 NTC 热敏电阻器,标准阻值也不相同)可供选择。在选择温度控制的 NTC 热敏电阻器时,应注意该热敏电阻器的温度控制范围是否符合具体的应用电路要求。根据汽车空调的温度检测要求,选择 MF53 系列 NTC 热敏电阻传感器。

　　一种汽车空调温度控制电路如图 5-1-4 所示。

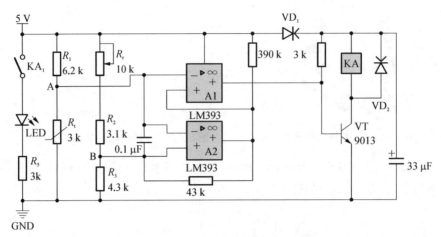

图 5‑1‑4 汽车空调温度控制电路

模拟调试：

（1）按图 5‑1‑4 所示，将各元件焊接到实验板上，并检查正确性（考虑到是实验室模拟测试，可将离合器换成发光二极管，便于观察输出状态）；

（2）在室温环境下，调节温度设定电位器 R_r，使发光二极管由发光状态调节到熄灭状态；

（3）用电吹风对热敏电阻进行加热（或者将电烙铁靠近热敏电阻进行加热），发光二极管发光；当热敏电阻慢慢冷却后，发光二极管熄灭，调试完毕，说明电路正确。

电路工作原理分析：

$$U_A = 5 - \frac{5}{R_1 + R_t} \times R_1 \tag{5-1-1}$$

而

$$A_1(-) = A_2(-) = U_A \tag{5-1-2}$$

$$A_2(+) = \frac{5}{R_r + R_2 + R_3} \times R_3 \tag{5-1-3}$$

首先调节 R_r 使发光二极管由亮变暗，此为设定温度，当对着 R_t 吹热风，R_t 减小，则 U_A 减小，使得：$A_2(-) < A_2(+)$，从而，A_2 输出高电平 1；进而：$A_1(+) > A_1(-)$，从而，A_1 输出高电平 1，三极管 VT 导通，线圈 KA 得电，常开触头 KA1 闭合，发光二极管点亮。

当 R_t 冷却下来，R_t 增大，则 U_A 增大，使得：$A_2(-) > A_2(+)$，从而，A_2 输出低电平 0；进而：$A_1(+) < A_1(-)$，从而，A_1 输出低电平 0，VT 截止，线圈 KA 失电，常开触头 KA$_1$ 断开，发光二极管熄灭。

四、理论知识

1. 热敏电阻的工作原理

热敏电阻是利用半导体材料的电阻值随温度显著变化这一特性制成的热敏器件。其特点是电阻率随温度而显著变化。它可以直接将温度的变化转化为电信号的变化。热敏电阻因其电阻温度系数大，灵敏度高，热惯性小，反应速度快，体积小，结构简单，使用方便，寿命长，易于实现远距离测量等特点得到广泛应用，它是使用最为广泛的感温元件。

热敏电阻的阻值与温度之间的关系用下式表示,即

$$R_T = R_0 e^{B\left(\frac{1}{T} - \frac{1}{T_0}\right)} \qquad (5-1-4)$$

式中:R_T——温度 T 时的电阻值;

　　R_0——温度 T_0 时的电阻值;

　　B——热敏电阻材料常数。

2. 热敏电阻的分类和结构

PTC、NTC 和临界温度热敏电阻(CTR)的热敏电阻的热电特性如下图 5-1-5 所示。

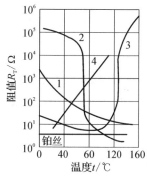

图 5-1-5　热敏电阻的热电特性
1-NTC;2-CTR;3-PTC;4-铂

热敏电阻的灵敏度高,电阻温度系数大,约为金属热电阻的 10 倍,可降低对仪器、仪表的要求;热敏电阻曲线非线性现象十分严重,测温范围远小于金属热电阻。

负温度系数热敏电阻 NTC 具有明显的非线性。大多数热敏电阻均为负温度系数。NTC 热敏电阻主要由铁、镍、锰、钴、铜等金属氧化物混合烧结而成,改变混合物的成分和配比,就可以获得测温范围、电阻值及电阻温度系数不同的 NTC 热敏电阻。它特别适合在 $-100\ ℃\sim300\ ℃$ 之间测温,热敏电阻温度计的精度可以达到 $0.1\ ℃$,感温时间可以在 $10\ s$ 以内。广泛应用于需要定点测温的温度自动控制电路中,如冰箱、空调、温室等温控系统。

正温度系数热敏电阻 PTC 以钛酸钡($BaTiO_3$)为基本材料,再掺入适量的稀土元素,利用陶瓷工艺高温烧结而成。PTC 热敏电阻除用作加热元件外,同时还能起到"开关"的作用,兼有敏感元件、加热器和开关三种功能,称之为"热敏开关"。PTC 热敏电阻在工业上可用作温度的测量与控制,也大量用于民用设备,如用于电冰箱压缩机启动电路、彩色显像管消磁电路、电动机过流过热保护电路等。

临界温度热敏电阻 CTR 随温度变化的特性属于剧变性,且具有开关特性,当温度上升到某临界点时,其电阻值会突然下降。CTR 能够应用于控温报警等场合,主要用作温度开关。

大部分半导体热敏电阻是由各种氧化物按一定比例混合,经高温烧结而成的。其结构主要由热敏探头 1、引线 2、壳体 3 组成,如图 5-1-6 所示。多数热敏电阻具有负的温度系数,即当温度升高时,其电阻值下降,同时灵敏度也下降,由于这个原因,限制了它在高温下的使用。

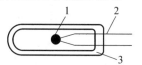

图 5-1-6　热敏电阻的结构
1-热敏探头;2-引线;3-壳体

热敏电阻的外形可以分为柱状、片状、珠状和薄膜状等形式,如图 5-1-7 所示。

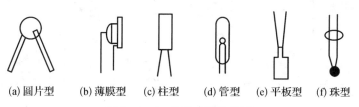

(a) 圆片型　　(b) 薄膜型　　(c) 柱型　　(d) 管型　　(e) 平板型　　(f) 珠型

图 5-1-7　热敏电阻的外形

3. 热敏电阻的选择

首选普通用途负温度系数热敏电阻,因为它随温度变化一般比正温度系数热敏电阻易观察,电阻值连续下降明显。若选用正温度系数热敏电阻,温度应在该元件居里点温度附近。

4. 热敏电阻的应用

热敏电阻与简单的放大电路结合,就可以检测 0.001 ℃的温度变化,所以和电子仪表组成测温计,能完成高精度的温度测量。普通用途热敏电阻工作温度为−55～+315 ℃,特殊低温热敏电阻的工作温度低于−55 ℃,可达−273 ℃。

热敏电阻在家用电器、制造工业、医疗设备、运输、通信、保护报警装置和科研等诸多领域都有应用。

5. 热敏电阻的型号表示

国产热敏电阻是按部颁标准 SJ 1155—1982 来制定型号的,由四部分组成。

第一部分:主称,用字母"M"表示敏感元件。

第二部分:类别,用字母"Z"表示正温度系数热敏电阻,或者用字母"F"表示负温度系数热敏电阻。

第三部分:用途或特征,用一位数字(0～9)表示。一般数字"1"表示普通用途,"2"表示稳压用途(负温度系数热敏电阻),"3"表示微波测量用途(负温度系数热敏电阻),"4"表示旁热式(负温度系数热敏电阻),"5"表示测温用途,"6"表示控温用途,"7"表示消磁用途(正温度系数热敏电阻),"8"表示线性型(负温度系数热敏电阻),"9"表示恒温型(正温度系数热敏电阻),"0"表示特殊型(负温度系数热敏电阻)。

第四部分:序号,也由数字表示,代表规格、性能。往往厂家出于区别本系列产品的特殊需要,在序号后加"派生序号",由字母、数字和"-"号组合而成。

例如:MZ11 表示序号为 1 的正温度系数型普通用途热敏电阻。再如:MZ73A－1 表示消磁用正温度系数热敏电阻,MF53－1 表示测温用负温度系数热敏电阻。

五、热敏电阻传感器的仿真

热敏电阻 PTC 和 NTC 随温度变化引起阻值变化的仿真实验如图 5－1－8 所示,OHMMETER 为欧姆表,与 PTC 和 NTC 均在元件库中找出,如图 5－1－9 所示,在"Transducers"中有许多的传感器元件。调整热敏电阻左边的模拟温度,可明显地显示出电阻值的变化情况。

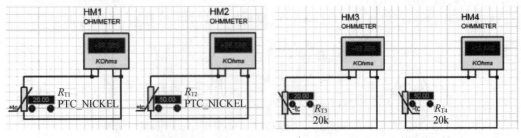

(a) PTC 元件阻值测量　　　　　　　　　　(b) NTC 元件阻值测量

图 5－1－8　热敏电阻温度特性仿真

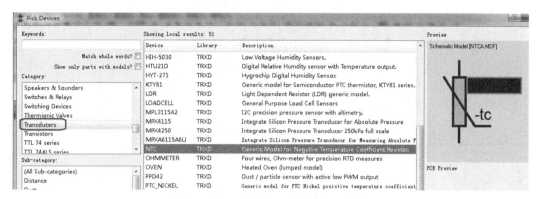

图 5 - 1 - 9　欧姆表、PTC 和 NTC 元件

热敏电阻的应用电路仿真实验如图 5 - 1 - 10 所示。改变热敏电阻 R_{T5}（PTC）的温度，可以控制灯的亮灭。两个电位器均调节至中点，参考电压均为 2.5 V。调节 R_{T5} 的模拟温度，PTC 阻值变小，探针 R_{V1} 处电压低于 2.5 V，通过后级比较放大后，运放 U1A 输出低电平，LED 灯 D_4 亮，反之调高 R_{T5} 的模拟温度，灯 D_4 灭。

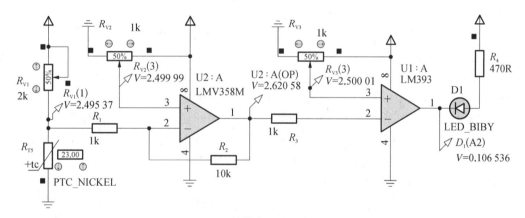

图 5 - 1 - 10　热敏电阻应用电路仿真实验

六、制作热敏电阻传感器应用电路实训项目

如图 5 - 1 - 11 所示是热敏电阻的温度报警电路的制作。

电源电压为 5 V；输出信号由 LED 指示；二极管 D_2 为反向保护（防止电源接反）；OUT1 为 TTL 电平输出，输出有效信号为低电平，驱动能力 80 mA 左右，可直接驱动继电器、蜂鸣器、小风扇等。当热敏电阻的温度达到一定程度 LED 点亮。

焊接电路，自制表格，分别在不同的温度下测量电路的输出电压，分析数据，以验证热敏电阻的工作原理。观察 LED 的亮灭与温度的关系。

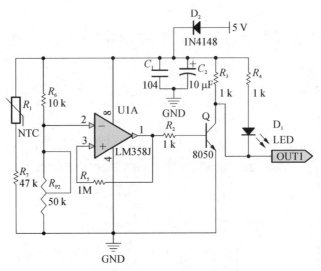

图 5-1-11　NTC 温度报警电路

七、拓展知识

1. 数字输出型集成温度传感器

DS18B20 为一种改进型的智能温度传感器。与传统的热敏电阻相比,它能够直接读出被测温度并且可根据实际要求通过简单的编程实现 9～12 位的数字值读数方式。可以分别在 93.75 ms 和 750 ms 内完成 9 位和 12 位的数字量,并且从 DS18B20 读出的信息或写入 DS18B20 的信息仅需要一根口线(单线接口)读写,温度变换功率来源于数据总线,总线本身也可以向所挂接的 DS18B20 供电,而无须额外电源。因而使用 DS18B20 可使系统结构更趋简单,可靠性更高。它在测温精度、转换时间、传输距离、分辨率等方面较 DS1820 有了很大的改进,给用户带来了更方便的使用和更令人满意的效果。

DS18B20 的外形封装如图 5-1-12 所示,实物如图 5-1-13 所示。其中,I/O 为数字信号输入/输出端;GND 为电源地;$U_{DD}(V_{CC})$ 为外接供电电源输入端(在寄生电源接线方式时接地)。

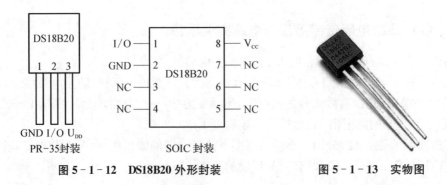

图 5-1-12　DS18B20 外形封装　　　　**图 5-1-13　实物图**

DS18B20 测温原理如图 5-1-14 所示。图中低温度系数晶振的振荡频率受温度影响很小,用于产生固定频率的脉冲信号发送给计数器 1。高温度系数晶振随温度变化其振荡频率明显改变,所产生的信号作为计数器 2 的脉冲输入。计数器 1 和温度寄存器被预置在

－55 ℃所对应的一个基数值。计数器 1 对低温度系数晶振产生的脉冲信号进行减法计数，当计数器 1 的预置值减到 0 时，温度寄存器的值将加 1，计数器 1 的预置将重新被装入，计数器 1 重新开始对低温度系数晶振产生的脉冲信号进行计数，如此循环直到计数器 2 计数到 0 时，停止温度寄存器值的累加，此时温度寄存器中的数值即为所测温度。斜率累加器用于补偿和修正测温过程中的非线性，其输出用于修正计数器 1 的预置值。

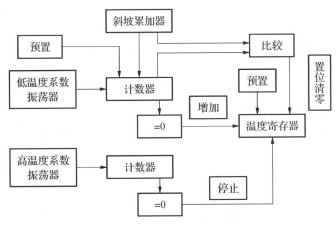

图 5－1－14　DS18B20 测温原理

图 5－1－14 中的斜坡累加器用于补偿和修正测温过程中的非线性，其输出用于修正减法计数器的预置值，只要计数门仍未关闭就重复上述过程，直至温度寄存器值达到被测温度值，这就是 DS18B20 的测温原理。

另外，DS18B20 单线通信功能是分时完成的，它有严格的时隙概念，因此读写时序很重要。系统对 DS18B20 的各种操作必须按协议进行。操作协议为：初始化 DS18B20（发复位脉冲）→发 ROM 功能命令→发存储器操作命令→处理数据。各种操作的时序图如图 5－1－15 所示。

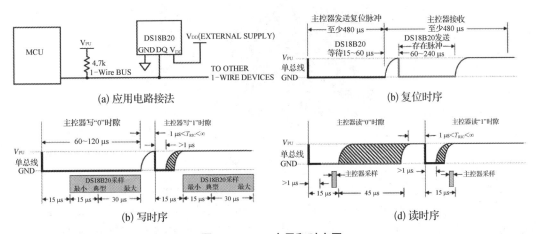

图 5－1－15　应用和时序图

2. DS18B20 的主要特性

① 适应电压范围更宽，电压范围：3.0～5.5 V，在寄生电源方式下可由数据线供电。

② 独特的单线接口方式,DS18B20 在与微处理器连接时仅需要一条口线即可实现微处理器与 DS18B20 的双向通信。

③ DS18B20 支持多点组网功能,多个 DS18B20 可以并联在唯一的三线上,实现组网多点测温。

④ DS18B20 在使用中不需要任何外围元件,全部传感元件及转换电路集成在形如一只三极管的集成电路内。

⑤ 测温范围−55～+125 ℃,在−10～+85 ℃时精度为±0.5 ℃。

⑥ 可编程的分辨率为 9～12 位,对应的可分辨温度分别为 0.5 ℃、0.25 ℃、0.125 ℃和 0.062 5 ℃,可实现高精度测温。

⑦ 在 9 位分辨率时最多在 93.75 ms 内把温度转换为数字,12 位分辨率时最多在 750 ms内把温度值转换为数字,速度更快。

⑧ 测量结果直接输出数字温度信号,以"一线总线"串行传送给 CPU,同时可传送 CRC 校验码,具有极强的抗干扰纠错能力。

⑨ 负压特性:电源极性接反时,芯片不会因发热而烧毁,但不能正常工作。

3. DS18B20 的应用范围

该产品适用于冷冻库,粮仓,储罐,电讯机房,电力机房,电缆线槽等测温和控制领域。

轴瓦,缸体,纺机,空调,等狭小空间工业设备测温和控制。

汽车空调、冰箱、冷柜以及中低温干燥箱等。

供热/制冷管道热量计量,中央空调分户热能计量和工业领域测温和控制。

4. DS18B20 1-Wire 数字温度传感器与 Arduino 的温度测量

DS18B20 温度传感器相当精确,无须外部组件即可工作。用户可以将温度传感器的分辨率配置为 9、10、11 或 12 位。但是,上电时的默认分辨率为 12 位(即 0.062 5 ℃精度)。与 Arduino 接线如图 5−1−16 所示。

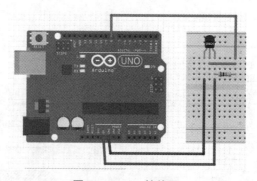

图 5−1−16 接线图

编写 Arduino 程序时需包含<OneWire.h>、<DallasTemperature.h>两个库,库文件可取链接 https://pan.baidu.com/s/1KMLo1Ueju8o8lLIsYUIirg 或 https://www.arduino.cn/thread−1345−1−1.html。下载后如图 5−1−17 所示找到刚才下载的库文件压缩包安装即可。

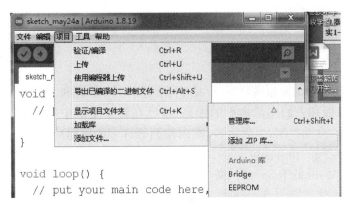

图 5 - 1 - 17　添加库文件

Arduino 程序如下：

```
# include < OneWire.h>
# include < DallasTemperature.h>
# define  ONE_WIRE_BUS  8      // 定义 DS18B20 数据口连接 Arduino 的 8 脚
OneWire oneWire(ONE_WIRE_BUS);      // 初始连接在单总线上的单总线设备
DallasTemperature sensors(&oneWire);
void setup(){
  Serial.begin(9600);                 // 设置串口通信波特率
  sensors.begin();                    // 初始化库
}
void loop(void){                      //主程序
  sensors.requestTemperatures();   // 发送命令获取温度
  Serial.print("温度值:");            //串口打印温度值
  Serial.print(sensors.getTempCByIndex(0)); //打印 0 通道采集到的温度值
  Serial.println("℃");               //打印温度单位,换行
  delay(10);
}
```

　　程序下载后,插好温度传感器 DS18B20,在 Arduino IDE 窗口工具栏中依次点"工具—串口监视器",即可看到测量的温度。

5.2　空气湿度传感器与应用

微信扫码见本节
仿真电路图与程序代码

一、教学目标

　　终极目标:会使用湿度传感器,理解湿度传感器的工作原理。
　　促成目标:
　　1. 掌握湿度传感器在各种场合中的常见应用。
　　2. 能正确分析湿度传感器的工作原理,掌握湿度传感器的结构分类。

3. 会仿真湿度传感器电路。

4. 会制作典型湿度传感器产品电路。

二、工作任务

工作任务：分析制作雨滴报警器，分析湿度传感器的工作原理和工作特性，并掌握其应用。

随着社会的发展和人们生活水平的提高，湿度在日常生活中的应用越来越重要，在加湿、除湿，美容养颜，自动控制、生物培养、室内检测等许多的家电应用中起着非常明显的作用。试验表明，当空气的相对湿度为 $50\%\sim60\%$ 时，人体感觉最为舒适，也不容易引起疾病；当空气湿度高于 65% 或低于 38% 时，微生物繁殖滋生最快；当相对湿度在 $45\%\sim55\%$ 时，病菌的死亡率较高，人体皮肤会感到舒适，呼吸均匀正常。因此湿度的检测和控制是十分重要的，直接关系着人们的生活质量，是现代智慧生活的重要一环。

湿度传感器是一种能将被测环境湿度转换成电信号的装置，如图 5-2-1 所示。

图 5-2-1　湿度传感器

图 5-2-2 所示为自制湿度检测器的简单电路，以研究湿度传感器的工作特性。材料：细导线丝、报警器(喇叭)、电源(6 V)、开关、导线、电阻、三极管、晶闸管、电容器、绝缘板。

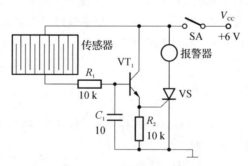

图 5-2-2　湿度检测器

传感器(湿度检测元件)是由两组细导线丝组成，制作时粘在绝缘板上，每根导线丝之间相距很近，约 2 mm 左右，注意不要相碰；三极管 VT_1 为 S9013 或 S8050，制作好后，检测时可用高压喷壶喷水雾来测试。

三、实践知识

雨滴报警器电路原理图如图 5-2-3 所示。雨滴检测电路在汽车上有重要的应用，以及时启动雨刮，清楚视线，另外，也同时要求雨天驾驶汽车适当减速，更能达到安全驾驶。雨滴检测在智慧农业中也有比较重要的应用,是智慧农业中须检测的一个重要参数。

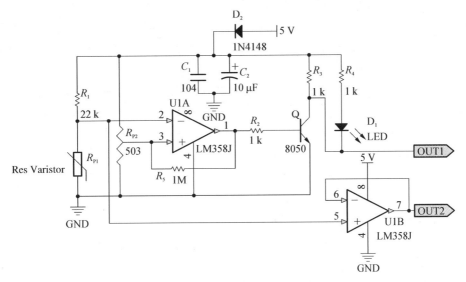

图 5 - 2 - 3 雨滴报警器电路原理图

将电阻 R_1 与湿敏电阻 R_{P1} 按电路连接完成,并接入 5 V 电源,分别在干燥、潮湿两种情况下测量湿敏电阻两端的电压,对测得的数据进行分析,以验证湿敏电阻的工作原理。

工作分析:① 电路的供电电压为直流 5 V,可用直流稳压电源,可用 4 个 1.5 V 的干电池串联,也可用废旧手机的电池。二极管 D_2 的作用是防止 5 V 电源接反。

② 在干燥时测量湿敏电阻两端的电压,即 LM358 的 2 脚电压,然后测量 LM358 的 3 脚电压,同时调节电位器 R_{P2},使其电压比 LM358 的 2 脚电压略低,此时 LM358 的 1 脚应为低电平,三极管 8050 截止,LED 不亮,OUT1 输出高电平。

③ 当有水滴到雨滴板时,湿敏电阻阻值减小,其分压即 LM358 的 2 脚电压减小,使其比 LM358 的 3 脚电压低,正向输入端 3 脚电压比反向输入端 2 脚高,LM358 的 1 脚由低电平翻转为高电平。此时三极管 8050 导通,LED 点亮,OUT1 输出低电平。

④ 灵敏度可通过电位器调节。干燥时,LM358 的 3 脚电压比 2 脚电压低得越少,灵敏度越高,反之灵敏度越低。

⑤ OUT1 为数字信号输出,TTL 输出有效信号为低电平,驱动能力 80 mA 左右,可直接驱动继电器、蜂鸣器等;高电平驱动能力 4 mA 左右。OUT2 模拟量输出的电压 0～3.5 V。

⑥ 湿敏电阻 R_{P1}(雨滴板)和控制电路板是分开的,方便将线引出。

制作提示:先制作传感器部分,即 R_1 与湿敏电阻 R_{P1} 的串联电路。接入电源后,利用万用表测量湿度变化时,湿敏传感器阻值的变化及其测量转换电路输出电压的变化。检验湿敏传感器的工作原理。然后完成整个雨滴报警器并调试成功。

四、理论知识

1.湿度的概念

含有水蒸气的空气是一种混合气体,空气中含有水蒸气的量称为湿度,它表明大气的干、湿程度。湿度表示的方法很多,主要有质量百分比和体积百分比,相对湿度和绝对湿度、露点等表示法。

（1）绝对湿度（Absolute Humidity）

地球表面的大气层是由78％的氮气、21％的氧气和少部分二氧化碳、水蒸气以及其他一些惰性气体混合而成的。由于地面上的水和动植物存在着水分蒸发现象，使得地面上不断地生成水蒸气，因而大气中含有水蒸气的量在不停地变化着。水分的蒸发及凝结的过程总是伴随着吸热和放热，因此，大气中水蒸气的多少不但会影响大气的温度，而且会使空气出现潮湿或干燥现象。大气的干湿程度是用大气中水蒸气的密度来表示的。一定的温度及压力下，每单位体积的混合气体中所含水蒸气的质量，其定义为绝对湿度，用 A_H 表示，单位为 g/m^3 或 mg/m^3，其表达式为：

$$A_H = \frac{m_V}{V}$$
(5-2-1)

式中：m_V——待测空气中水蒸气的质量；

　　　V——待测空气的总体积；

　　　A_H——待测空气的绝对湿度。

在实际生活中许多现象与绝对湿度有关，如水分蒸发的快慢。

（2）相对湿度（Relative Humidity）

在工农业生产与大气湿度相关的现象中，如农作物的生长、棉纱的断头以及人们的感觉等，都与大气中的水蒸气的质量——绝对湿度没有直接的关系，而与大气中的水蒸气离饱和状态的远近程度有关。例如同样是 20 Pa 的绝对湿度，如果是在炎热的夏季中午，离当时的饱和水蒸气的气压（55.32 Pa，40 ℃）比较远，因此人感到干燥；而在夏季的傍晚，接近当时的饱和水蒸气的气压（23.78 Pa，25 ℃），而使人感到潮湿。因此有必要引入一个新的描述，气体中的水蒸气离饱和状态远近程度的物理量——相对湿度。

相对湿度指被测气体中的水蒸气气压和该气体在相同温度下饱和水蒸气压的百分比。一般用符号 R_H 表示，其表达式为：

$$R_H = \frac{P_V}{P_W} \times 100\%$$
(5-2-2)

式中：P_V——在 t ℃时被测气体中的水蒸气的气压（Pa）；

　　　P_W——待测空气在温度 t ℃下的饱和水蒸气的气压（Pa）；

　　　R_H——待测空气的相对湿度。

绝对湿度只能说明湿空气中实际所含水蒸气的质量，而不能说明湿空气干燥或潮湿的程度及吸湿能力的大小。相对湿度表征湿空气中水蒸气接近饱和含量的程度。R_H 值小，说明湿空气饱和程度小，吸收水蒸气的能力强；R_H 值大则说明湿空气饱和程度大，吸收水蒸气的能力弱。

（3）露点与霜点（Dew Point and Frost Point）

在一定浓度下，气体中所能容纳的水汽含量有限，超过此限就会凝成液滴。

在一定大气压下，将含水蒸气的空气冷却，当降到某温度值时，空气中的水蒸气达到饱和状态，开始从气态变成液态而凝结成露珠，这种现象称为结露，此时的温度称为露点或露点温度。如果这一特定温度低于 0 ℃，水蒸气将凝结成霜，此时称其为霜点。通常对两者不予区分,统称为露点,其单位为 ℃。

2. 湿度传感器

湿度传感器(又称湿敏传感器)是一种能将被测环境湿度转换成电信号的装置,主要由两个部分组成:湿敏元件和转换电路,除此之外还包括一些辅助元件,如辅助电源、温度补偿、输出显示设备等,应用于钢铁、化学、食品及其他很多工业品制造过程中,以及医院、温室等的湿度控制,电子微波炉的烹调控制等等。

按元件输出的电学量分类可分为:电阻式、电容式等。

按其探测功能可分为:相对湿度、绝对湿度、结露等。

按材料则可分为:有机高分子式、半导体式、电解质式等。

根据与水分子亲和力是否有关,分为水亲和力型和非水亲和力型。

如下图 5-2-4 为实际的湿度传感器产品。

图 5-2-4　湿度传感器产品

3. 电阻式湿度传感器

在现代生产、生活中使用的湿敏电阻式传感器大多是水分子亲和力型湿敏电阻传感器,它们将湿度的变化转换为阻抗的变化后,再经过测量转换电路后,以电压信号输出。

电阻式湿度传感器随着相对湿度的增加,电阻值会急剧下降,基本按指数规律下降,电阻湿度特性近似呈线性关系。

常用的湿敏电阻式传感器主要有半导体陶瓷湿敏电阻、氯化锂湿敏电阻、有机高分子膜湿敏电阻。

(1) 半导体陶瓷湿敏电阻

半导体陶瓷湿敏电阻是一种电阻型的传感器,根据微粒堆集体或多孔状陶瓷体的感湿材料吸附水分可使电导率改变这一原理检测湿度。

制造半导体陶瓷湿敏电阻的材料,主要是不同类型的金属氧化物($MgCr_2O_4$-TiO_2 系、ZnO-LiO_2-V_2O_5 系、Si-Na_2O-V_2O_5 系、Fe_3O_4 系等),有些半导体陶瓷材料的电阻率随湿度增加而下降,称为负特性湿敏半导体陶瓷,还有一类半导体陶瓷材料的电阻率随湿度增大而增大,称为正特性湿敏半导体陶瓷。

半导体陶瓷湿敏电阻按其结构可以分为烧结型和涂覆膜型两大类。

① 烧结型湿敏电阻

烧结型湿敏电阻的结构如图 5-2-5 所示。其感湿体为 $MgCr_2O_4$-TiO_2 系多孔陶瓷,利用它制得的湿敏元件优点是使用范围宽、湿度温度系数小、响应时间短、对其进行多次加热清洗之后性能仍较稳定等。缺点是需要加热清洗,这又加速了敏感陶瓷的老化,对湿度不能进行连续测量。湿敏元件的阻值随环境相对湿度变化的关系曲线如图 5-2-6 所示。

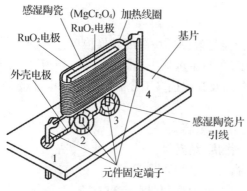

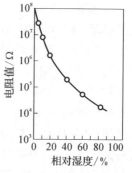

图 5‐2‐5 烧结型湿敏电阻结构 　　图 5‐2‐6 $MgCrO_4$‐TiO_2 系陶瓷湿敏元件
电阻‐湿度特性

图 5‐2‐7 所示是这种湿敏元件应用的一种测量电路。R 为湿敏电阻，R_t 为温度补偿用热敏电阻。为了使检测湿度的灵敏度最大，可使 $R_s = R_t$。传感器输出电压经过整流和滤波后，一方面送入比较器 1 与参考电压 U_1 比较，其输出信号控制某一湿度；另一方面送到比较器 2 与参考电压 U_2 比较，其输出信号控制加热电路，以便按一定时间加热清洗。

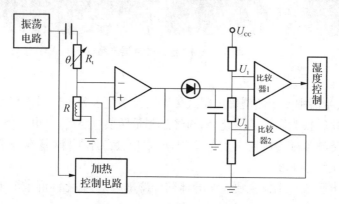

图：湿敏电阻测量电路方框图

图 5‐2‐7 湿敏电阻测量电路

② 涂覆膜型 Fe_3O_4 湿敏电阻

除了烧结型陶瓷外，还有一种由金属氧化物通过堆积、黏结或直接在氧化金属基片上形成感湿膜，称为涂覆膜型湿敏器件，其中比较典型且性能较好的是 Fe_3O_4 湿敏器件。Fe_3O_4 湿敏器件由基片、电极和感湿膜组成，Fe_3O_4 感湿膜的整体电阻值很大。当空气的相对湿度增大时，Fe_3O_4 感湿膜吸湿，由于水分的附着，扩大了颗粒间的接触面，降低了粒间的电阻和增加更多的导流通路，所以元件电阻值减小；当处于干燥环境中，Fe_3O_4 感湿膜脱湿，粒间接触面减小，元件电阻值增大。因而这种器件具有负感湿特性，电阻值随着相对湿度的增加而下降，反应灵敏。

（2）氯化锂湿敏电阻（电解质湿敏元件）

氯化锂湿敏电阻是典型的电解质湿敏元件，利用吸湿性盐类潮解，离子电导率发生变化而制成的测湿元件。典型的氯化锂湿敏传感器有登莫式和浸渍式两种，如图 5‐2‐8 所示。

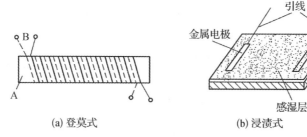

图 5－2－8　氯化锂湿敏传感器结构

(a) 登莫式　　　　　　(b) 浸渍式

登莫式传感器结构如图 5－2－8(a)所示,A 为涂有聚苯乙烯薄膜的圆管,B 为用聚苯乙烯醋酸覆盖在 A 上的钯丝。登莫式传感器是用两根钯丝作为电极,按相等间距平行绕在聚苯乙烯圆管上,再浸涂一层含有聚苯乙烯醋酸脂(PVAC)和氯化锂水溶液的混合液。当被涂溶液的溶剂挥发干后,即凝聚成一层可随环境湿度变化的感湿均匀薄膜。

浸渍式传感器结构如图 5－2－8(b)所示,由引线、基片、感湿层与金属电极组成,它是在基片材料上直接浸渍氯化锂溶液构成的,这类传感器的浸渍基片材料为天然树皮。浸渍式传感器结构与登莫式传感器不同,部分地避免了高温下所产生的湿敏膜的误差。它采用了面积大的基片材料,并直接在基片材料上浸渍氯化锂溶液,因此具有小型化的特点,适用于微小空间的湿度检测。

氯化锂浓度不同的湿敏传感器,适用于不同的相对湿度范围。浓度低的氯化锂湿敏传感器对高湿度敏感,浓度高的氯化锂湿敏传感器对低湿度敏感,如图 5－2－9 所示。一般单片湿敏传感器的敏感范围,仅在 $20\%R_H$ 左右,为了扩大湿度测量的线性范围,可以将多个氯化锂含量不同的湿敏传感器组合使用,可制成相对湿度工作量程为 $20\%\sim90\%R_H$ 的湿度传感器。如图 5－2－10 所示。

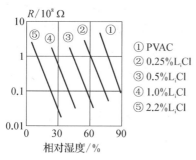

图 5－2－9　氯化锂湿度传感器的阻-湿特性

① PVAC
② 0.25%L$_i$Cl
③ 0.5%L$_i$Cl
④ 1.0%L$_i$Cl
⑤ 2.2%L$_i$Cl

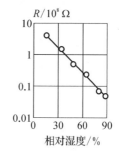

图 5－2－10　组合式氯化锂的阻-湿特性

氯化锂湿度传感器的电桥测量电路如图 5－2－11 所示。振荡器对电路提供交流电源。电桥的一臂为湿度传感器,由于湿度变化使湿度传感器的阻值发生变化,于是电桥失去平衡,产生信号输出,放大器可把不平衡信号加以放大,整流器将交流信号变成直流信号,由直流毫安表显示。振荡器和放大器都由 9 V 直流电源供给。

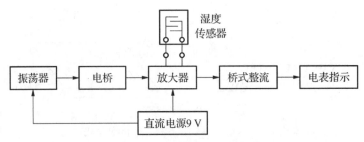

图 5－2－11　电桥测湿电路框图

（3）有机高分子膜湿敏电阻

高分子材料湿敏电阻式传感器是目前发展较快的一种新型湿敏电阻式传感器。它是在氧化铝等陶瓷基板上设置梳状型电极，然后在其表面涂以既有感湿性能，又有导电性能的高分子材料薄膜，再涂覆一层多孔质的高分子膜保护层。这种湿敏元件是利用水蒸气附着于感湿薄膜上，电阻值与相对湿度相对应这一性质。由于使用了高分子材料，所以适用于高温气体中湿度的测量。下图 5－2－12 是三氧化二铁-聚乙二醇高分子膜湿敏电阻的结构与特性。

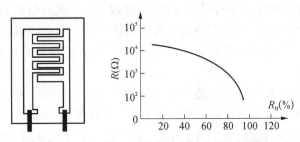

图 5－2－12　高分子膜湿敏电阻的结构与特性

4. 电容式湿度传感器

电容式湿敏传感器是有效利用湿敏元件电容量随湿度变化而变化的特性来进行测量的，其结构示意图如图 5－2－13 所示。湿敏电容一般是用高分子薄膜电容制成的，常用的高分子材料由聚苯乙烯、聚酰亚胺、酷酸醋酸纤维等。当环境湿度发生改变时，湿敏电容的介电常数也发生变化，使其电容量也发生变化，其电容变化量与相对湿度成正比。湿敏电容的主要优点是灵敏度高、产品互换性好、响应速度快、湿度的滞后量小，便于制造、容易实现小型化和集成化，在实际中得到了广泛的应用，其精度一般比湿敏电阻要低一些。湿敏电容广泛应用于洗衣机，空调器，录音机，微波炉等家用电器及工业、农业等方面。

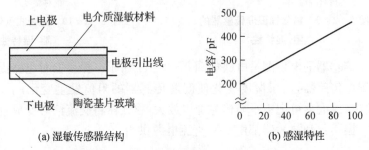

(a) 湿敏传感器结构　　　　　　　(b) 感湿特性

图 5－2－13　电容式湿敏传感器的结构与特性

电容式湿敏传感器实物图如图 5－2－14 所示。

图 5－2－14　电容式湿敏传感器实物图

五、湿敏电阻传感器的仿真

在仿真软件 Proteus 8 Professional 中,有一个型号 HIH-5030 的湿度传感器,在元件库中直接输入元件名,即可找到。也可在元件库中的"Transducers"中找到。HIH-5030 的湿度精度为 $\pm 3 \% R_H$,电源电压范围为 2.7～5.5 V,非常适合标称电压为 3 V 的电池供电系统。HIH-5030 的基本输出特性如图 5－2－15 所示,在相对湿度为 0%～100% 时,变换输出电压在0.5～2.5 V 之间变化,实测为 0.44～2.35 V,如直接 10 位 ADC 转换,得到数据为 90～480。

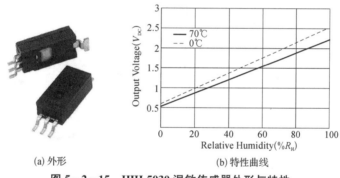

(a) 外形　　　　　　　　(b) 特性曲线

图 5－2－15　HIH-5030 湿敏传感器外形与特性

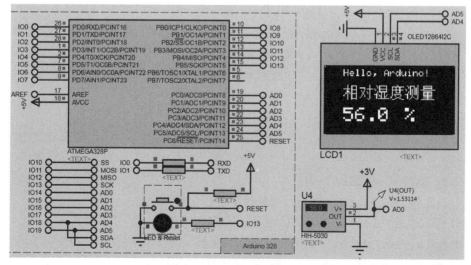

图 5－2－16　仿真图和结果

Arduino 程序如下：

```
# include < Wire.h>
# include < Adafruit_GFX.h>
# include < Adafruit_SSD1306.h>
# define OLED_RESET 4
Adafruit_SSD1306 display(OLED_RESET);
# define adPin A0                    //ADC 引脚
# define LOGO16_GLCD_HEIGHT 16
# define LOGO16_GLCD_WIDTH   16
unsigned int   ShiDu, ShiDu_shi,ShiDu_ge,ShiDu_shu;    //定义变量
//汉字的字码省略，方法详见第一章
void ShiDu_CF(){   //数据拆分
  ShiDu_shi= ShiDu/100;
  ShiDu_ge = ShiDu% 100/10;
  ShiDu_shu= ShiDu% 10;
}
void setup()          //初始化
{
  Serial.begin(9600);
  delay(100);
  display.begin(SSD1306_SWITCHCAPVCC, 0x3C);
  }
void loop()
{
  delay(100);
  while(1)
   {       //90- - - - 480= 0.44V- - - 2.35V
    ShiDu = 51* (analogRead(adPin)- 90)/20;      //ADC 转换并折算
    ShiDu_CF();           //调用数据拆分函数
    test_SSD1306();         //调用测试函数 显示
   } }
void test_SSD1306(void)   //测试函数
{ /* - - - - - - - - - - - - - - - - - - - - - - - - - 显示英文数字- -
- - - - - - - - - - - - - - - - - - - - - - * /
    display.clearDisplay();
    display.setTextSize(1); //选择字号
    display.setTextColor(WHITE);   //字体颜色
    display.setCursor(16,0);    //起点坐标
    display.println("Hello, Arduino!");
```

```
display.setTextSize(2);
display.setTextColor(WHITE);
display.drawBitmap(16,16,Xiang_16x16,16,16,WHITE); //相
display.drawBitmap(32,16,Dui_16x16,16,16,WHITE);   //对
display.drawBitmap(48,16,Shi_16x16,16,16,WHITE);   //湿
display.drawBitmap(64,16,Du_16x16,16,16,WHITE);    //度
display.drawBitmap(80,16,Che_16x16,16,16,WHITE);   //测
display.drawBitmap(96,16,Liang_16x16,16,16,WHITE); //量
display.setCursor(16,40);    //起点坐标
display.print(ShiDu_shi);    //显示湿度值
display.print(ShiDu_ge);
display.print(".");          //插入小数点
display.print(ShiDu_shu);    //小数位
display.setCursor(80,40);    //起点坐标
display.print("% ");         //单位
display.display();
delay(100);
}
```

如果显示湿度有误差,可调整"ShiDu $=51*($ analogRead $($ adPin $)-90)/20;$"语句的系数和基值。减去 90 是因为相对湿度 0％时,输出有约 0.44 V 的电压。100％时对应电压约 2.35 V,10 位 ADC 转换值约 480,减去 90 值变为 390,现把 390 放大至 1 000,则可先乘以 51 再除以 20,得到近似值 1 000,最后人为地插入小数点和％号,显示的值变为 100.0％。

六、制作湿敏电阻传感器应用电路实训项目

汽车后窗玻璃自动除湿装置的作用是防止驾驶室的挡风玻璃结露或结霜,保证驾驶员视线清晰,避免事故发生。该电路也可用于其他需要除湿的场所,如图 5－2－17 所示。

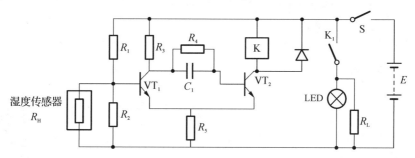

图 5－2－17　汽车后窗玻璃自动除湿电路

工作原理分析:R_H 为设置在后窗玻璃上的湿度传感器,R_L 为后窗玻璃上的加热电阻丝,由 VT_1 和 VT_2 三极管接成施密特触发电路,在 VT_1 的基极接有由 R_1、R_2 和湿度传感器电阻 R_H 组成的偏置电路。在常温常湿条件下,由于 R_H 的阻值较大,VT_1 处于导通状态,VT_2 处于截止状态,继电器不工作,加热电阻无电流流过。当车内外温差较大,且湿度过

大时,湿度传感器 R_H 的阻值变小,使 VT_1 处于截止状态,VT_2 为导通状态,继电器线圈 K 得电,其常开触点 K_1 闭合,加热电阻开始加热,后窗玻璃上的潮气被驱散。

制作调试:根据电路原理图焊接电路,调试测试,模拟驾驶室后窗玻璃湿度较大的环境下,自动除湿。

七、拓展知识——湿度控制在小家电上的使用

1. 湿度在加湿机或除湿机上的应用

湿度显示可以了解现在的室内湿度是多少,以便判断是否需要启动加湿机或除湿机,在能够判断室内湿度的情况下智能化,根据程序里湿度的设定来自动开机或待机,让室内始终保持着一个让人舒适的湿度环境。

2. 湿度在日用品或工艺品上的应用

在工艺品或小饰品上装湿度显示仪,通过湿敏元件来感应湿度并显示出来,既美观大方又有实用价值。

3. 湿度在培养箱、恒温恒湿设备上的应用

通过监测环境里的温湿度,然后通过单片机来自动调节控制温湿度,让室内保持着模拟下的良好环境,有利于生物的培养和实验的进行。

4. 湿度在排气扇、通风管道行业的应用

在排气扇内安装一个传感系统,通过检测室内的湿度,判断是否自动运行排气扇,以达到智能效果。

5. 湿度在空调、风扇上的应用

在空调控制板或风扇控制板上装湿度控制模块,使其具有显示室内温湿度并进行智能控制的功能。

6. 湿度在美容行业的应用

染发烘干时,可以根据头发的湿度来判断是否需要清洗等。

7. 湿度在电力柜上的应用

湿度达到一定程度的时候,电力柜里的设备会有短路的危险,因此在常规的电力柜中都必须有一个检测、自动除湿的模块来消除漏电的安全隐患。

8. 湿度在其他行业的应用

在日常的生活中,只要是需要显示和判断湿度,或者是需要利用湿度来自动控制的家电产品中,均需湿度的检测。

5.3　红外传感器与应用

微信扫码见本节
仿真电路图与程序代码

一、教学目标

终极目标:会使用红外传感器,理解红外传感器的工作原理。

促成目标:

1. 掌握红外传感器在各种场合中的常见应用。

2. 能正确分析红外传感器的工作原理,掌握热释电红外传感器的结构组成。

3. 会仿真红外传感器电路。

4. 会制作典型红外传感器产品电路。

二、工作任务

工作任务:分析制作电子警犬电路,红外传感器的选型,传感器的工作原理,并掌握其应用。

红外传感器是利用物体产生红外辐射的特性,实现自动检测的传感器。它是能把红外线辐射转换成电量变化的装置。主要有热电型和光电型两大类。红外传感器一般由光学系统、探测器、信号调理电路及显示系统等组成。典型的热电型红外光敏器件是热释电红外传感器。热释电红外传感器如图 5-3-1 所示,可根据要求选用。

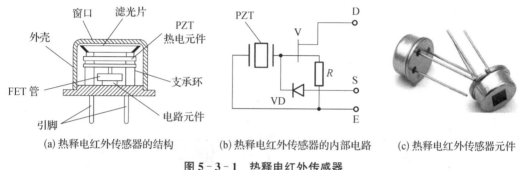

(a) 热释电红外传感器的结构　　(b) 热释电红外传感器的内部电路　　(c) 热释电红外传感器元件

图 5-3-1　热释电红外传感器

三、实践知识

红外传感器可以用于防盗报警。利用热释电红外传感器和模拟声集成电路制作的电子警犬,当在其前方警戒范围内有人走动时,它就会发出逼真的狗吠声。

电子警犬电路如图 5-3-2 所示。

(1) 热释电红外传感器(PIR-D203S),如图 5-3-3 所示,主要是由一种高热电系数的材料,如锆钛酸铅系陶瓷、钽酸锂、硫酸三甘钛等制成尺寸为 $2*1$ mm 的探测元件。

由探测元件将探测并接收到的红外辐射转变成微弱的电压信号,经装在探头内的场效应管放大后向外输出。

人体辐射的红外线中心波长为 $9\sim10$ μm,而探测元件的波长灵敏度在 $0.2\sim20$ μm 范围内几乎稳定不变。在传感器顶端开设了一个装有滤光镜片的窗口,这个滤光片可通过光的波长范围为 $7\sim10$ μm,正好适合于人体红外辐射的探测,而对其他波长的红外线由滤光片予以吸收,这样便形成了一种专门用作探测人体辐射的红外线传感器。

为了提高探测器的探测灵敏度以增大探测距离,一般在探测器的前方装设一个菲涅尔透镜,如图 5-3-4 所示,该透镜用透明塑料制成,将透镜的上、下两部分各分成若干等份,制成一种具有特殊光学系统的透镜,它和放大电路相配合,可将信号放大 70 分贝以上,这样就可以测出 $10\sim20$ m 范围内人的行动。

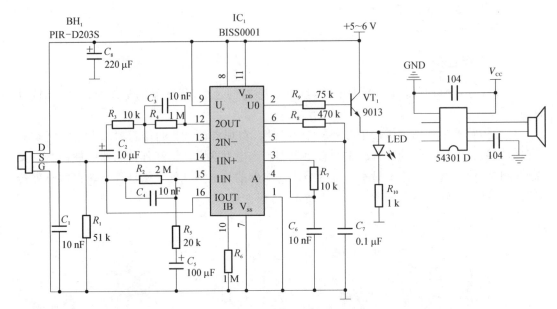

图 5-3-2 电子警犬电路原理图

图 5-3-3 热释电红外传感器

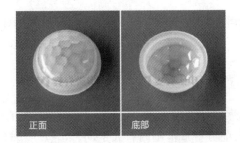

图 5-3-4 菲涅尔透镜

（2）BISS0001 是一款具有较高性能的传感信号处理集成电路，如图 5-3-5 所示，它配以热释电红外传感器和少量外接元器件构成被动式的热释电红外开关。它能自动快速开启各类白炽灯、荧光灯、蜂鸣器、自动门、电风扇、烘干机和自动洗手池等装置，特别适用于企业、宾馆、商场、库房及家庭的过道、走廊等敏感区域，或用于安全区域的自动灯光、照明和报警系统。

图 5-3-5 BISS0001 芯片

（3）模拟狗吠声集成电路 54301D，如图 5-3-6 所示。电路工作原理分析：当有人在传感器警戒范围内走动时，由人体发出的微量红外线通过菲涅尔透镜 F 聚焦后，在热释电传感器 BH_1 的内部敏感元件上引起温度变化而产生电极化，从而在传感器的外接电阻 R_1 两端输出传感信号。此传感信号相当微弱，将它送至信号处理器 IC_1 的 $1IN+$ 输入端（14 脚），经两级放大、双向鉴幅、延时处理后，最终从 IC_1 的输出端 U_O（2 脚）输出高电平延时脉冲信号。因为 IC_1 的控制端 A 选定为不可重触发工作方式（1 脚接地），所以输出脉冲信号的延迟时间 T_x 与重复触发无关，T_x 完全由外接元件 R_7、C_6 的数值决定，即

$$T_x = 49R_7C_6 \times 10^3(s) \tag{5-3-1}$$

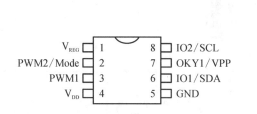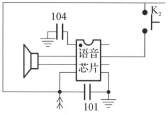

图 5‒3‒6　模拟狗吠声集成电路 54301D

而触发封锁时间 T_1 由 IC_1 的 5 脚、6 脚的外接元件 R_8、C_7 所决定,即

$$T_1 = 24R_8C_7(s) \tag{5-3-2}$$

IC_1(2 脚)输出的高电平脉冲信号经电阻 R_9 接至三极管 VT_1 的基极,VT_1 与发光二极管 LED 及电阻 R_{10} 组成射极跟随器,于是当有控制信号输出时 LED 发光,否则不发光。VT_1 射极跟随器输出直接与模拟声音集成电路 IC_2 的触发输入端(TRIG)相接。因此当 IC_1 有控制信号输出时,将触发 IC_2 工作,使 IC_2 输出模拟狗吠声的电信号,驱动扬声器 B 发出"汪——汪、汪、汪"的狗吠声,重复 3 次,然后自动停止,等待下一次触发。

电子警犬的安装位置应选择能让走动的人进入红外探测器的可靠视场范围之内且不易被发现之处。根据实际需要,探测器和扬声器也可以相距较远分别安装。

四、理论知识

红外技术是最近几十年发展起来的一门新兴技术,它已在科技、国防和工农业生产等领域获得了广泛的应用。凡是存在于自然界的物体,如人体、火焰、冰块等都会放射出红外线,只是它们放射出红外线的波长不同而已。人体的温度为 36～37 ℃,所放射的红外线波长为 9～10 μm,属于远红外线区;加热到 400～700 ℃ 的物体,其放射出的红外线波长为 3～5 μm,属于中红外线区;红外线传感器可以检测到这些物体发射出的红外线,用于测量、成像或控制。

1. 红外线介绍

红外线是太阳光线中众多不可见光线中的一种,由德国科学家霍胥尔于 1800 年发现,又称为红外热辐射,他将太阳光用三棱镜分解开,在各种不同颜色的色带位置上放置了温度计,试图测量各种颜色的光的加热效应。结果发现,位于红光外侧的那支温度计升温最快。因此得到结论:太阳光谱中,红光的外侧必定存在看不见的光线,这就是红外线。可以当作传输之媒介,如图 5‒3‒7 所示为太阳光光谱图。

红外线可分为三部分:近红外线(波长在 0.75～1.50 μm 之间),中红外线(波长在 1.50～6.0 μm 之间),远红外线(波长在 6.0～1 000 μm 之间)。远红外线是一种对人体有益的光,是生命之光。远红外线对人体没有坏处,就算放射出几十摄氏度的高温,人体也可以接受。远红外线对细胞的共振效用、渗透作用、温热效果在养生健康行业得到广泛应用。红外线又称红外光,它具有反射、折射、散射、干涉、吸收等性质。

红外线的物理特性:

① 热效应:一切物体都在不停地辐射红外线。物体的温度越高,辐射的红外线就越多。

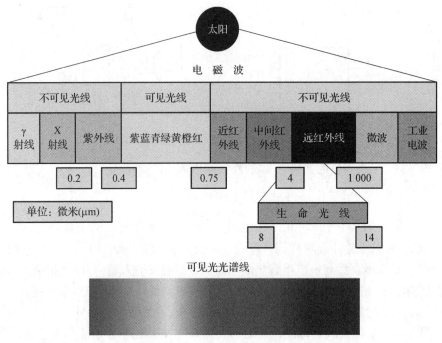

图 5 - 3 - 7　所示为太阳光光谱图

红外线照射到物体上最明显的效果就是产生热。

　　② 穿透云雾的能力强：穿透云雾的能力强（波长较长，易于衍射），由于一切物体都在不停地辐射红外线，并且不同物体辐射红外线的强度不同，利用灵敏的红外线探测器接收物体发出的红外线，然后用电子仪器对接到的信号进行处理，就可以察知被测物体的形状和特征，这种技术叫作红外线遥感技术，可以用在卫星上勘测地热、寻找水源、监测森林火情、估计农作物的长势和收成。还有我们每天都要关注的天气预报，也是红外线遥感技术。

　　2. 红外线传感器

　　用红外线作为检测媒介，来测量某些非电量，这样的传感器叫作红外传感器。它是利用物体产生红外辐射的特性实现自动检测的。与用可见光作为媒介的检测方法相比，红外传感器具有以下几方面的优点：① 可昼夜测量。② 不必设光源。③ 适用于遥感技术。

　　红外传感器也称红外探测器，按照其工作原理可以分为红外热敏探测器和红外光电探测器两类。

　　（1）红外热敏探测器

　　红外热敏探测器是基于光辐射和物质相互作用的热效应制成的器件。热敏探测器探测光辐射包括两个过程，一是吸收光辐射能量后，探测器的温度升高；二是把温度升高所引起的物理特性的变化转化成相应的电信号。

　　红外热敏探测器主要有热释电型、热敏电阻型、热电阻型和气体型四种，而热释电型探测器在热探测器中探测率最高，应用最广，它是根据热释电效应制成的，即一些晶体受热时，在晶体表面产生电荷的现象称为热释电效应。它主要由外壳、滤光片、热电元件 PZT、结型场效应管 FET、电阻、二极管等组成，如图 5 - 3 - 1 所示，其中滤光片设置在红外线通过的窗口处。

（2）红外光电探测器

红外光电探测器又称光子探测器,它利用入射红外辐射的光子流与探测器材料中电子的相互作用来改变电子的能量状态,引起各种电学现象,这种现象称光子效应。通过测量材料电子性质的变化,可以知道红外辐射的强弱。利用光子效应制成的红外探测器,统称光子探测器。光子探测器有内光电和外光电探测器两种,后者又分为光电导、光生伏特和光磁电探测器三种。光子探测器的主要特点是灵敏度高、响应速度快,具有较高的响应频率,但探测波段较窄,一般需在低温下工作。

3. 红外传感器的应用

红外传感器按其应用可以分为以下几方面:

（1）红外辐射计。用于辐射和光谱辐射测量。

（2）搜索和跟踪系统。用于搜索和跟踪红外目标,确定其空间位置,并对它的运动进行跟踪。

（3）热成像系统。可产生整个目标红外辐射的分布图像,如红外图像仪、多光谱扫描仪等。

（4）红外测距和通信系统。

（5）混合系统。是指以上各类系统中的两个或多个的组合。

五、红外传感器的仿真

Proteus 8 Professional 中有一型号为 GP2D12 的红外测距传感器,该传感器价格便宜,测距效果还不错,主要用于模型或机器人制作。

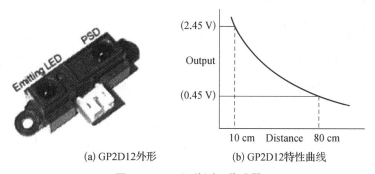

(a) GP2D12外形　　　　(b) GP2D12特性曲线

图 5 - 3 - 8　红外测距传感器

Arduino 程序如下:

```
# include < Wire.h>
# include < Adafruit_GFX.h>
# include < Adafruit_SSD1306.h>
# define OLED_RESET 4
Adafruit_SSD1306 display(OLED_RESET);
# define adPin A0              //ADC 引脚
# define LOGO16_GLCD_HEIGHT 16
# define LOGO16_GLCD_WIDTH  16
unsigned int   HongWai_shi,HongWai_ge,HongWai_shu;   //定义变量
float   HongWai,temp;   //定义浮点变量
```

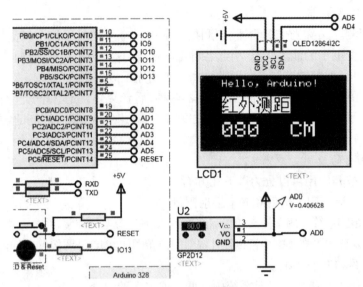

图 5 - 3 - 9　红外测距仿真

```
/* - - - - - 显示文字一,该代码省略- - - * /
void HongWai_CF() {      //浮点变量取整并数据拆分
  HongWai_shi= int(HongWai)/100;
  HongWai_ge = int(HongWai)% 100/10;
  HongWai_shu= int(HongWai)% 10;
}
void setup(){     //初始化
  Serial.begin(9600);
  delay(100);
  display.begin(SSD1306_SWITCHCAPVCC, 0x3C);
  }
void loop()
{  delay(100);
  while(1)  {
    HongWai = analogRead(adPin);      //ADC 转换
    temp= HongWai/5.8; //改变被除数,可以减小一点误差,并折算
    //由于 GP2D12 的输出电压与距离成反比
    HongWai= 95- temp; //需要用一个常量相减
    HongWai_CF();              //数据拆分
    test_SSD1306();          //调用测试函数 显示
    }     }
  void test_SSD1306(void)   //显示函数
  {  /* - - - - - - - - - - - - - - - - - - - - - - - 显示英文数字- -
- - - - - - - - - - - - - - - - - - - - * /
```

```
display.clearDisplay();
display.setTextSize(2);
display.setTextColor(WHITE);
display.drawBitmap(16,16,Hong_16x16,16,16,WHITE);  //红
display.drawBitmap(32,16,Wai_16x16,16,16,WHITE);   //外
display.drawBitmap(48,16,Che_16x16,16,16,WHITE);   //测
display.drawBitmap(64,16,Ju_16x16,16,16,WHITE);    //距
display.setCursor(16,40);   //起点坐标
display.print(HongWai_ge);  //显示距离值
display.print(HongWai_shu);
display.setCursor(80,40);   //起点坐标
display.print("CM");        //单位
display.display();
delay(100);
}
```

如仿真出现较大误差,可调节"temp＝HongWai/5.8;""HongWai＝95－temp;"语句的常数,右细调至准确。

六、制作红外传感器应用电路实训项目

红外线自动干手器是一种高档卫生洁具,广泛应用于宾馆、酒店、机场车站、商场、体育场馆等公共场所的洗手间。其工作原理是采用一种红外线控制的电子开关,当有人手伸过来时,红外线开关将电热吹风机自动打开,人离开时又自动将吹风机关闭。

干手器大部分是利用红外线的发射和接收制成的,里面有红外线发射管,当手伸到下面时,会反射部分红外线到接收装置,使电路工作。红外线干手器的电路原理图如图 5-3-10 所示。

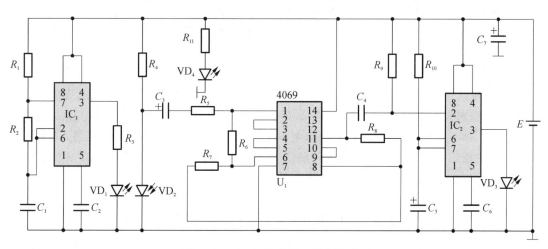

图 5-3-10 红外线干手器电路原理

(1) 振荡电路。发射器主要采用 IC_1(NE 555)定时器用来产生 40 kHz 的振荡信号载波。

(2) 红外检测电路。采用脉冲式主动红外线检测电路,由红外发射二极管 VD_1 和红外

接收二极管 VD$_2$ 等组成。常用的红外发光二极管,其外形和发光二极管 LED 相似,发出红外光。管压降约 1.4 V,工作电流一般小于 20 mA。为了适应不同的工作电压,回路中常串有限流电阻。发射红外线去控制相应的受控装置时,其控制的距离与发射功率成正比。

(3) 反向器 CD4069 构成的施密特触发器。为保证单稳态触发器可靠触发,必须对电压放大器输出的信号进行整形。

(4) 微分电路。C_4 和 R_9 组成微分电路,其作用是将整形电路输出的方波信号,微分为触发脉冲去触发单稳态触发器。

(5) 555 单稳态触发器。延时驱动电路采用 555 时基电路构成的单稳态触发器。

七、拓展知识——正确使用额温枪

常用的人体红外测温仪可分为红外热成像体温快速筛检仪和红外体温计两类。红外热成像体温快速筛检仪,可在人流密集的公共场所进行大面积监测,自动跟踪、报警高温区域,与可见光视频配合,快速找出并追踪体温较高的人员。在公共场合配置的红外测温,大家均积极配合,这是对自身和他人健康的负责。

当红外热成像体温快速筛检仪集成人脸识别、手机探针等技术时,还能掌握体温较高人员的更多信息。红外体温计又可分为红外耳温计和红外额温计,红外体温计设备简单、使用方便、价格实惠,可实现对人员依次、快速测温。

人体的热量会通过热辐射的形式散发到环境中,人体红外测温仪通过内置的传感器探测人体的热辐射,从而实现测量体温的目的。

红外热成像体温快速筛检仪利用红外测温技术对人体表面温度进行非接触式的快速测量,当被测温度达到或超过预设警示温度值时进行警示的仪器。

红外耳温计是利用耳道和鼓膜与探测器间的红外辐射交换测量体温的仪器,测量的是人体耳部鼓膜部位,测量前应清理耳道,将探头深入耳孔内测量,须配备卫生耳套使用,避免多人使用交叉感染。

红外额温计是利用皮肤与探测器间的红外辐射交换和适当的发射率修正测量皮肤温度的仪器。测量的是人体额头部位,将温度枪对准额心,如有汗水应擦干,与额头的距离建议在 1~3 cm 为佳。

从测量准确度来说,红外耳温计测量准确度最高,红外额温计次之。但是,如果测量方法不正确,测量结果也会不准确。对于新购买的人体红外测温仪,或使用频繁以及对测量结果有怀疑时,应当对人体红外测温仪进行校准,以确定其修正值,则能尽量消除测温仪的系统误差。

利用人体红外体温仪快速检测体温,离不开其核心元件——红外温度传感器,其中最常用的是热电堆红外温度传感器。这种传感器直接感应热辐射,用于测量小的温差或平均温度,可以为非接触温度测量提供完美的解决方案。

5.4 气敏(烟雾)传感器与应用

微信扫码见本节
仿真电路图与程序代码

一、教学目标

终极目标:会使用气敏传感器,理解气敏传感器的工作原理。

促成目标：

1. 掌握气敏传感器在各种场合中的常见应用。

2. 能正确分析气敏传感器的工作原理，掌握气敏传感器的结构组成。

3. 会仿真气敏传感器电路。

4. 会制作典型气敏传感器产品电路。

二、工作任务

工作任务：分析制作酒精测试电路，气敏传感器的选型，传感器的工作原理，并掌握其应用。

气敏传感器的作用相当于我们的鼻子，可以"嗅"出空气中某种特定的气体，并判定气体的浓度，从而实现对气体成分的检测和监测，以改善人们的生活水平，保障人们的生命安全。它是一种将检测到的气体成分和浓度转换为电信号的传感器。

气敏器件表面吸附有被测气体时，半导体微结晶粒子接触面的导电电子比例就会发生变化，从而使气敏元件的电阻值随被测气体的浓度改变而变化。

酒精传感器(MQ-3)如图 5-4-1 所示，所使用的气敏材料是在清洁空气中电导率较低的二氧化锡(SnO_2)。当传感器所处环境中存在酒精气体时，传感器的电导率随空气中酒精浓度的增加而增大。使用简单的电路(如图 5-4-2 所示为气敏传感器的测量电路)，即可将电导率的变化转换为与该气体浓度相对应的输出信号。

图 5-4-1　MQ-3 酒精传感器实物图

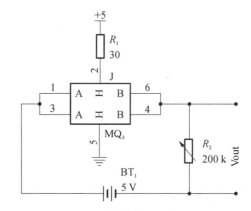

图 5-4-2　气敏传感器的测量电路

三、实践知识

随着中国经济的高速发展，人民生活水平的迅速提高，中国逐渐步入"汽车社会"，酒后驾驶行为所造成事故越来越多，对社会的影响也越来越大，酒精正在成为越来越凶残的"马路杀手"。据有关资料统计，全世界每年因车祸丧生的人数就超过 60 万人，留下永久性伤残者在 400 万以上，一般受伤者则不计其数。在许多国家，车祸已成为第一位意外死亡原因。

此外，由交通事故造成的经济损失也相当惊人。据事故调查统计，大约 50%～60% 的车祸与饮酒有关。

酒精测试仪，又称酒精检测仪，是可供执法交警作为检测驾驶人员呼气酒精含量的具有法律效力的酒精测试仪，也可以用在需要控制人体酒精呼入量以确保安全的任何场合。

　　"酒精测试仪"的电路主要由 89S52 单片机,酒精浓度检测电路、ADC0832 A/D 转换器、显示电路、键盘和电源电路组成。如图 5-4-3 所示,酒精浓度信号经过酒精检测电路转化为模拟电压信号传输到 A/D 转换器转化为数字信号,再传输到单片机进行处理:根据酒精浓度的不同和按键指令控制浓度显示和其他相应动作。

(a) 酒精测试仪器电路板　　　　　　　(b) 酒精测试仪实物

图 5-4-3　酒精测试仪

　　本实践电路主要是制作酒精浓度检测电路,如图 5-4-4 所示。

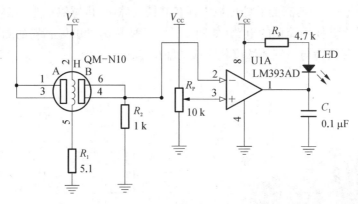

图 5-4-4　酒精浓度检测电路

　　电路的工作原理:根据 MQ-3 气敏传感器对酒精的敏感程度,未接触到酒精时,其阻值较大,此时传感器电路中的电流较小,其输出即 R_2 的电压较小,进入到 2 脚,10 kΩ 电位器的电压较大进入到 3 脚,则 1 脚的输出为高电平,所以 LED 灯不亮。当接触到酒精后,其电阻急剧变小,2 脚电压变大,大于 3 脚电压,4 脚输出为低电平,灯亮。电位器 R_p 的作用是调节 3 脚的输入电压,即设定酒精的参比浓度。

　　特别提醒:传感器通电后,需要预热,测量的数据才稳定,传感器发热属于正常现象,因为内部有电热丝,如果烫手就不正常了。

　　根据电路原理图焊接电路,调试电路,用酒精或含有酒精的物质进行检测,观察灯的亮灭。

四、理论知识

　　现代社会中,人们在生产与生活中往往会接触到各种各样的气体,这些气体有许多是易燃、易爆的,如氢气,一氧化碳,氟利昂,煤气瓦斯,天然气,液化石油气等,因此就需要对它们进行检测和控制。气体检测所用到的传感器实际上是指能对气体进行定性或定量检测的气敏传感器。它是一种将检测到的气体成分与浓度转换为电信号的传感器,人们根据这些信号的强弱就可以获得气体在环境中存在的信息,从而进行监控和报警。

根据传感器的气敏材料,气敏材料与气体相互作用的机理和效应不同,可将气敏传感器分为半导体式、接触燃烧式、电化学式、热导率变化式、红外吸收式等类型。

由于半导体气敏传感器具有灵敏度高,响应快,使用方便,稳定性好,寿命长等优点,应用极其广泛,下面主要介绍半导体气敏传感器。

1. 半导体气敏传感器的工作原理

半导体气敏传感器是利用半导体材料与气体相接触时导致半导体电阻和功能函数发生变化的效应,来检测气体成分或浓度的传感器。

常用的气敏传感器的外形如图 5-4-5 所示。

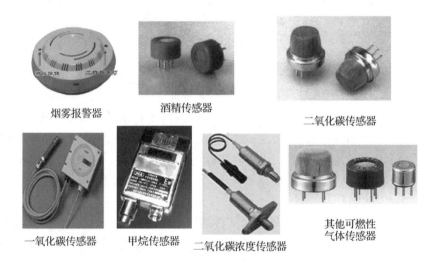

烟雾报警器　　酒精传感器　　二氧化碳传感器

一氧化碳传感器　甲烷传感器　二氧化碳浓度传感器　其他可燃性气体传感器

图 5-4-5　常用气敏传感器的外形图

2. 气敏传感器的结构和分类

人们发现某些氧化物半导体材料如 SnO_2, ZnO, Fe_2O_3, MgO, NiO 等都具有气敏效应。按照半导体变化的物理性质,可分为电阻式和非电阻式两种。电阻式半导体气敏传感器是用氧化锡、氧化锌等金属氧化物材料制成的敏感元件,利用其阻值的变化来检测气体的浓度。非电阻式半导体气敏传感器主要有金属、半导体结型二极管和金属栅的 MOS 场效应管的传感器,利用它们与气体接触后整流特性或阈值电压的变化来实现对气体的测量。这里主要介绍电阻式半导体气敏传感器。如图 5-4-6 所示为 N 型半导体气敏传感器吸附被测气体时的电阻变化曲线。

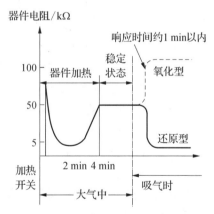

图 5-4-6　N 型半导体气敏传感器吸附被测气体时的电阻变化曲线

氧化性气体(如 O_2 和 NO_x),被吸附气体分子从气敏元件得到电子,使 N 型半导体中载流子电子减少,因而电阻值增大;还原性气体(如 H_2、CO、酒精等),气体分子向气敏元件释放电子,使元件中载流子电子增多,因而电阻值下降。

气敏电阻式传感器一般由敏感元件、加热器和外壳三部分组成。

（1）按制造工艺分

气敏电阻式传感器按制造工艺可分为烧结型气敏电阻式传感器、薄膜型气敏电阻式传感器和厚膜型气敏电阻式传感器，如图 5-4-7 所示。

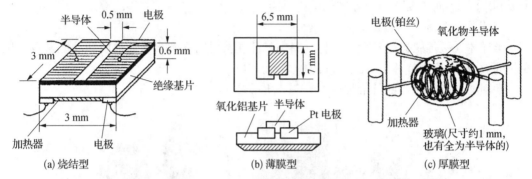

图 5-4-7　气敏电阻式传感器的结构

图 5-4-7 所示（a）中的烧结型气敏电阻式传感器是将敏感材料（如 SnO_2）及掺杂剂（Pb、Pt 等）按照一定的配比用水或黏合剂调和，经研磨后再均匀混合，再用传统低温（700～900 ℃）制陶工艺烧结制成，因此它又称为半导体陶瓷。主要用于检测还原性气体、可燃性气体和液体蒸汽。由于烧结不充分，器件的机械强度较差，且电极材料较贵重，所以应用受到一定的限制。

图 5-4-7（b）所示的薄膜型气敏电阻式传感器是在绝缘衬底（如石英晶片）上蒸发或溅射上一块氧化物半导体薄膜（厚度一般为数微米）制成。其敏感膜颗粒小，灵敏度和响应速度较好。是一种很有前途的气敏电阻式传感器。

图 5-4-7（c）所示将气敏材料（如 SnO_2、ZnO 等）与硅凝胶按一定比例混合均匀后制成能印刷的厚膜胶，把厚膜胶用丝网印刷到事先安装有铂电极的氧化铝基片上，在 400～800 ℃的温度下烧结 1～2 h 便制成厚膜型气敏电阻式传感器。这种传感器机械强度高，各传感器间的重复性好，而且生产工艺简单，成本低，适合于大批量生产。

上述三种气敏电阻式传感器全部附有加热器，通常工作时要加热到 200～400 ℃。加热的作用：使附着在探测部分处的油雾、尘埃等烧掉，起到清洁的作用；同时加快气体分子在表面上的吸附和氧化还原反应，从而提高元件的灵敏度和响应速度。

（2）按加热方式分

气敏电阻式传感器按加热方式可分为内热式气敏电阻式传感器和旁热式气敏电阻式传感器。

内热式气敏电阻传感器又称为直热式气敏电阻式传感器，它是由芯片（包括敏感元件和加热器）、基座和金属防爆网罩组成的。易受环境影响，测量回路与加热回路间没有电气隔离，相互影响，测量误差较大。

旁热式气敏电阻传感器，实际上是一种厚膜型气敏电阻式传感器。这种管芯的测量电极与加热器分离，避免了相互干扰，而且敏感元件的热容量较大，减少了环境温度变化对敏感元件特性的影响，其可靠性和使用寿命都比直热式气敏电阻时传感器高。

3. 气敏传感器的基本测量电路

气敏传感器的基本测量电路如图 5-4-8 所示。这是采用直流电压的测量方法。

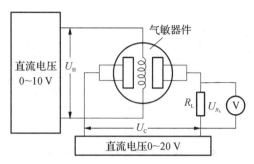

图 5-4-8　气敏传感器的基本测量电路

图中的 0～10 V 直流电源为半导体气敏器件的加热器电源，0～20 V 直流电源则提供测量回路电压 U_C。R_L 为负载电阻兼作电压取样电阻。从测量回路可得到回路电流 I_C 为：

$$I_C = \frac{U_C}{R_S + R_L} \qquad\qquad (5-4-1)$$

式中：R_S 为气敏器件电阻。另外，负载压降 U_{R_L} 为：

$$U_{R_L} = I_C R_C = \frac{U_C}{R_S + R_L} R_L \qquad\qquad (5-4-2)$$

可得气敏器件电阻 R_S，即

$$R_S = \frac{U_C - U_{R_L}}{U_{R_L}} R_L \qquad\qquad (5-4-3)$$

在空气中或者在某一气体浓度下，半导体气敏器件的电阻 R_S 可由上式计算。同时，由于半导体气敏器件和某气体相互作用后器件的 R_S 发生变化时，U_{R_L} 也相应地发生变化，这就是能够知道有无某种气体的情况及数量的大小，也就是达到了检测某种气体的目的。

4. 气敏电阻的应用

气敏电阻广泛应用于防灾报警，如可制成液化石油气、天然气、城市煤气、煤矿瓦斯以及有毒气体等方面的报警器，也可用于对大气污染进行监测，以及在医疗上用于对 O_2、CO_2 等气体的测量。生活中则可用于空调机、烹调装置，酒精浓度探测等方面。

五、制作气敏传感器应用电路实训项目

1. 家用液化气报警器

对气体的检测已经是保护和改善生态居住环境不可或缺的手段，气敏传感器在其中发挥着极其重要的作用。家庭厨房所用的热源有煤气、天然气、石油液化气等，这些气体的泄漏，会造成爆炸、火灾、中毒等事故的发生，对人身和财产的安全造成了威胁，所以采用气敏传感器对这些气体进行检测十分必要。家用可燃气体检测监控器，如图 5-4-9 所示为简易家用液化气报警器电路原理图。图 5-4-10 所示为报警器实物图。

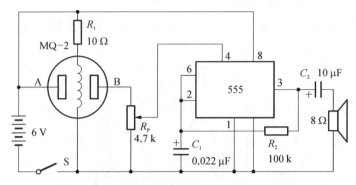

图 5‐4‐9　简易家用液化气报警器电路原理图

(a) 家用煤气报警器　　　　　　(b) 烟雾报警器

图 5‐4‐10　报警器实物图

　　其中 MQ-2 是烟雾浓度传感器,可用于家庭和工厂的气体泄漏监测装置,适宜于液化气、丁烷、丙烷、甲烷、酒精、烟雾等的探测。它的优点是灵敏度高,响应快,稳定性好,寿命长,驱动电路简单以及方便安装。MQ-2 型烟雾传感器属于二氧化锡半导体气敏材料,烟雾浓度越大,导电率越大,输出电阻越低,输出的模拟信号就越大。

　　电路工作原理分析:4 脚是直接清零端,当此端接低电平,则时基电路不工作,此时不论 TR、TH 处于何电平,时基电路输出为"0",该端不用时应接高电平。由 555 定时器构成多谐振荡器电路,其 4 脚接气敏传感器的输出信号。当气体传感器 MQ-2 检测到气体泄漏,随着气体浓度的增加,其电阻值减小,传感器输出回路的电流就会增加,电位器 R_P 输出的分压就会增加,使得 4 脚接高电平,多谐振荡器工作输出脉冲信号,驱动喇叭发出报警信号。其中电位器 R_P 的作用是调节 4 脚的输入电压,即设定泄漏气体的参比浓度。

　　按电路原理图焊接电路,调试测试电路的工作情况。

　　2. 空气质量检测

　　所用的传感器为 MQ-135,气敏传感器所使用的气敏材料是在清洁空气中电导率较低的二氧化锡(SnO_2)。当传感器所处环境中存在污染气体时,传感器的电导率随空气中污染气体浓度的增加而增大。MQ-135 气敏传感器对氨气、硫化物、苯系蒸汽的灵敏度高,对烟雾和其他有害气体的监测也很理想。这种传感器可检测多种有害气体,是一款适合多种应用的低成本传感器。主要用于家庭和环境的有害气体检测装置,模块板如图 5‐4‐11 所示,模块原理与图 5‐4‐4 所示相同,AO 为模拟量输出,其电压随有害气体变化而连续变化,DO 为数字输出,当有害气体达一定浓度时,DO 输出低电平,DO 指示灯点亮,与 Arduino 连接如图

5 - 4 - 12 所示。

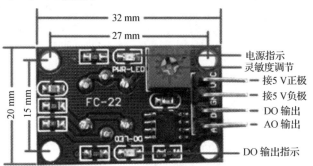

图 5 - 4 - 11　MQ-135 模块板

电源指示
灵敏度调节
接 5 V 正极
接 5 V 负极
DO 输出
AO 输出
DO 输出指示

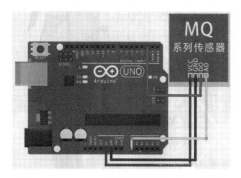

图 5 - 4 - 12　MQ 模块板与 Arduino 连接

Arduino 程序如下,检测信息送至电脑串口显示。

```
int   mqPinDO =  2;
int   mqPinAO =  A0;
void setup(){
        pinMode(mqPinDO,INPUT);
        pinMode(mqPinAO,INPUT);
        Serial.begin(9600);
}
void loop() {
  int mqDValue = digitalRead(mqPinDO);
  Serial.print("mqDValue = ");
  Serial.println(mqDValue);
  int mqAValue = analogRead(mqPinAO);
  Serial.print("mqAValue = ");
  Serial.println(mqAValue);
  delay(200);
}
```

六、拓展知识——气敏传感器的选用原则

气敏传感器种类较多,使用范围较广,其性能差异大,在工程应用中,应根据具体的使用场合、要求进行合理选择。

1. 使用场合

气体检测主要分为工业和民用两种情况,不管是哪一种场合,气体检测的主要目的是为了实现安全生产,保护生命和财产的安全。就其应用目的而言,主要有三个方面:测毒、测爆和其他检测。测毒主要是检测有毒气体的浓度不能超标,以免工作人员中毒;测爆则是检测可燃气体的含量,超标则报警,避免发生爆炸事故;其他检测主要是为了避免间接伤害,如检测司机酒后驾车的酒精浓度检测。

因每一种气敏传感器对不同的气体敏感程度不同,只能对某些气体实现更好地检测,在

实际应用中,根据检测的气体不同选择合适的传感器。如:

　　MQ-3　酒精传感器

　　MQ-2　烟雾传感器

　　MQ-4　天然气、甲烷传感器

　　MQ-5　煤气、液化气传感器

　　MQ-6　液化气传感器

　　MQ-7　一氧化碳传感器

　　MQ-8　氢气传感器

　　MQ-9　一氧化碳传感器

2.使用寿命

不同气敏传感器因其制造工艺不同,其寿命不尽相同,针对不同的使用场合和检测对象,应选择相对应的传感器。如一些安装不太方便的场所,应选择使用寿命比较长的传感器,例如光离子传感器的寿命为 4 年左右,电化学特定气体传感器的寿命为 1~2 年,氧气传感器的寿命为 1 年左右。

3.灵敏度与价格

灵敏度反映了传感器对被测对象的敏感程度,一般来说,灵敏度高的气敏传感器其价格也贵,在具体使用中要均衡考虑。在价格适中的情况下,尽可能选用灵敏度高的气敏传感器。

第6章

智慧农业传感器应用与设计

农业是提供支撑国民经济建设与发展的基础产业,也是国之根本,向来受到我国政府的重视,强调粮食必须牢牢掌握在自己手中。智慧农业是农业中的智慧经济,近年来,国家及政府层面陆续出台了一系列产业政策鼓励智慧农业行业发展,鼓励采用大数据、云计算等技术,发展智慧农业,建立健全智能化、网络化的农业生产经营服务体系。传感器对智慧农业来说是非常重要的器件。

6.1　光照传感器与应用

微信扫码见本节
仿真电路图与程序代码

一、教学目标

终极目标:掌握光照传感器的类型、应用、选型与使用注意事项。

促成目标:

1. 了解光照传感器的作用。
2. 掌握光照传感器的基本知识。
3. 能正确识别常用光照传感器。
4. 熟悉光照传感器的外部接线、安装及应用情况。

二、工作任务

工作任务:分析常用光照传感器类型、特点、接线方式与选用原则,并掌握其典型应用。

光照强度简称照度,指单位面积上所接受可见光的光通量,光照单位为"勒克斯",简称"勒"(lux,法定符号 lx),1 勒克司相当于 1 流明/平方米,即被摄主体每平方米的面积上,受距离 1 米、发光强度为 1 烛光的光源垂直照射的光通量。照度便是物体表面被照明程度的量。对光照强度较为敏感的元件称为光敏元件,如图 6-1-1 所示。

(a) 贴片式光敏元件

(b) 光敏电阻

图 6-1-1　常见光敏元件

光照传感器是一种专用于检测光照强度的仪器,它能够将光照强度的大小转换成电信号。光照传感器在多个行业中都有一定的应用,如农业大棚、大街上的路灯以及自动化气象站等环境的光照度监测。光照传感器实物如图6-1-2所示。

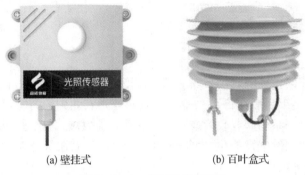

(a) 壁挂式   (b) 百叶盒式

图6-1-2　光照传感器实物

图6-1-3所示为RS485型光照传感器的引出线及其接线图,该类型传感器RS485有两线制和四线制两种接线,四线制只能实现点对点的通信方式,现很少采用,现在多采用的是两线制接线方式。485信号接线时注意A/B条线不能接反,总线上多台设备间地址不能冲突。

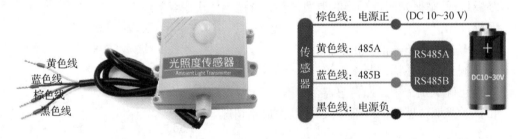

图6-1-3　RS485型光照传感器的引出线及接线示意图

三、实践知识

1. 光照传感器的安装

光照传感器应安装在四周空旷,感应面以上没有任何障碍物的地方。将传感器调整好水平位置,然后将其牢牢固定,最好将传感器牢固地固定在安装架上,以减少断裂或在有风天发生间歇中断现象。

壁挂型光照传感器安装方式:首先在墙面钻孔,然后将膨胀塞放入孔中,将自攻螺丝旋进膨胀塞中,其安装方法如图6-1-4所示。

百叶盒型光照传感器安装方式:百叶盒型光照传感器一般应用在室外气象站中,可通过托片或折弯板直接安装在气象站横梁上,其安装方法如图6-1-5所示。

▲钻孔(孔径5 mm)　▲膨胀管放入孔内　▲壁挂安装

图 6-1-4　壁挂型光照传感器的安装

图 6-1-5　百叶盒型光照传感器的安装

2.光照传感器的接线

(1) RS485 型光照传感器

RS485 是一个定义平衡数字多点系统中的驱动器和接收器的电气特性的标准,该标准由电信行业协会和电子工业联盟定义。使用该标准的数字通信网络能在远距离条件下以及电子噪声大的环境下有效传输信号。RS485 使得廉价本地网络以及多支路通信链路的配置成为可能。

RS485 有两线制和四线制两种接线,四线制只能实现点对点的通信方式,现很少采用,现在多采用的是两线制接线方式,这种接线方式为总线式拓扑结构,在同一总线上最多可以挂接 32 个节点,RS485 型光照传感器的接线如图 6-1-6 所示。

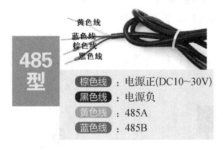

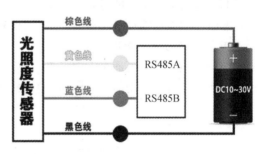

图 6-1-6　RS485 型光照传感器的接线

(2) 模拟量型光照传感器

模拟量型光照传感器输出方式有电流型和电压型,无论是电流型信号还是电压型信号,以提供信号仪表、设备线缆的条数为准,分为四线制、三线制、两线制三种类型,不同类型的信号接线方式不同。

① 四线制

四线制信号是提供信号的设备上信号线和电源线加起来有 4 根。提供信号的设备有单独的供电电源,除了 2 根电源线还有 2 根信号线。四线制信号的接线方式如图 6-1-7 所示。

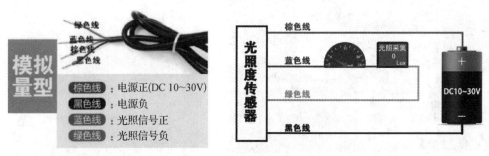

图 6-1-7　四线制模拟量型光照传感器的接线

② 三线制

三线制信号是指提供信号的设备上,信号线和电源线加起来有 3 根线,信号负极与供电电源负极为公共线。三线制信号的接线方式如图 6-1-8 所示。

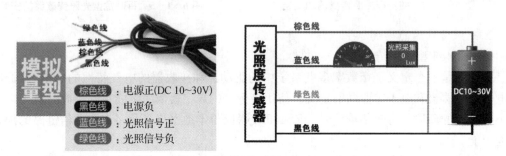

图 6-1-8　三线制模拟量型光照传感器的接线

③ 两线制

两线制信号指提供信号的设备上,信号线和电源线加起来只有 2 根线。由于模拟量模块通道一般没有供电功能,所以光照传感器需要外接 24 V 直流电源。

3. 光照传感器的数据传输方式

RS485 型光照传感器可通过 RS485 转 USB 模块,将光照采集数据上传到客户自备的上位机软件以实现实时监控功能,其数据传输方式如图 6-1-9 所示。

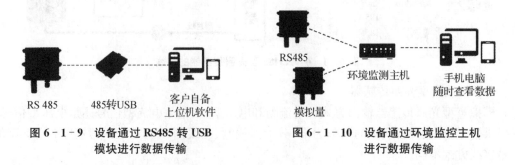

图 6-1-9　设备通过 RS485 转 USB　　　图 6-1-10　设备通过环境监控主机
　　　　　模块进行数据传输　　　　　　　　　　　　进行数据传输

RS485 型或模拟量输出型光照传感器还可通过环境监控主机,将光照采集数据上传到云平台上,以实现手机-电脑-平板远程实时监控,其数据传输方式如图 6-1-10 所示。

4. 光照传感器使用注意事项

(1) 使用光照传感器的时候一定不能有外压力冲压光检测传感器,避免压力冲压下测量元件受损影响光照传感器的使用或导致光照传感器发生异常或压坏遮光膜产生漏水现象。一定要避免在高温高压环境下使用光照传感器。

（2）在使用光照传感器的时候禁止自己拆卸传感器，更加不能触碰传感器膜片，以免造成光照传感器的损坏。

（3）使用光照传感器之前一定要确认电源输出电压是不是正确。电源的正、负以及产品的正、负接线方式，保证被测范围在光照传感器相应量程内并详细阅读产品说明书。

（4）安装光照传感器的时候，一定要保证受光面的清洁并置于被测面。

（5）严禁光照传感器的壳体被刀或其他锋利的金属连接线及物体划伤、磕伤、砰伤，造成传感器进水损坏。

四、理论知识

1. 光照传感器的原理

从工作原理上讲，光照传感器采用热点效应原理，这种传感器使用了对弱光性有较高反应的探测部件，这些感应元件就像相机的感光矩阵一样，内部有绕线电镀式多接点热电堆，其表面涂有高吸收率的黑色涂层，热接点在感应面上，而冷结点则位于机体内，冷热接点产生温差电势。在线性范围内，输出信号与太阳辐射度成正比。

光在本质上是一种电磁波，正常情况下，太阳光中是有可见光、紫外光、红外光及其他波长成分的复合光。光照传感器把不同角度的各种光线经过余弦修正器汇聚到感光的区域中，在这个区域，太阳光在经过蓝色和黄色的进口滤光片把除可见光外的其余光线过滤掉，透过滤光片的可见光照射到进口光敏二极管，光敏二极管根据可见光照度大小转换成电信号，然后电信号会进入传感器的处理器系统，从而输出需要得到的二进制信号。光照传感器工作原理流程如图 6-1-11 所示。

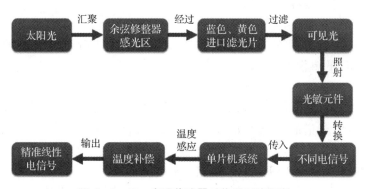

图 6-1-11　光照传感器工作原理流程图

2. 光照传感器的分类

光照传感器的类型比较多，可按能量处理形式、光敏元件、工作方式等分类。图 6-1-12 所示为光照传感器类型图。

（1）按能量处理形式分类

按能量处理形式分，有对能量控制和转换两种类型，能量控制型的光照传感器对光照度反应灵敏度要求不是很高，只需设置在某种场合所需的光照度在哪个数值之上或之下即可，常见的有开关量的控制；而能量转换型的光照传感器是根据光照的程度以线性的形式输

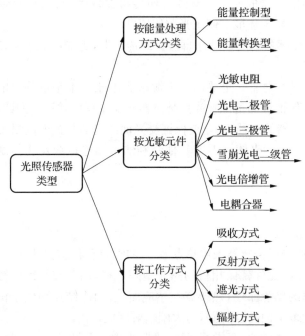

图 6-1-12　光照传感器类型图

出,对光照度的感应灵敏度要求较高。

（2）按光敏元件分类

按光敏元件分,种类较多,有光敏电阻、光电二极管、光电三极管、雪崩光电二极管、光电倍增管及电荷耦合器件等,每一种光敏元件有其各自不同的特点,根据其特点在不同的应用中所选择的光敏元件也是各不相同。

（3）按工作方式分类

按工作方式分,可分为吸收方式、反射方式、遮光方式及辐射方式,不同的工作方式有各自原理,应用于不同的事物中。

3. 光照传感器的选用

光照传感器根据环境所需的要求选用,在应用时需要考虑所要使用技术标准、测量的精度和范围,根据量程、光谱范围、输出信号、精确度、工作环境及工作电压等性能指标情况,再选择符合需求的光照传感器,在选择中要分析所选择的光照传感器性能指标。不同的光敏元件所具有的特点不同,应用场合及范围也各不相同,因此了解各种光敏元件的特点和应用对光照传感器的选用有重要意义。各种光照元件的特点以及适用情况如表 6-1-1 所示。

表 6-1-1　各种光照元件特点及应用范围

光敏元件种类	特点	应用范围
光敏电阻	1. 由半导体材料制造成的一种电阻;2. 光照度变化其电导率也跟着变化;3. 体积小,灵敏度高,反应快,封装可靠性和光谱特性好,光照呈现非线性的特点。	应用于室内光线控制、光控灯、光控开关、照相机自动测光、工业控制、报警器、电子玩具及光电控制等。

光敏元件种类	特点	应用范围
光电二极管	1. 所用材料一般为硅或锗单晶材料,典型的有 PN 结型和 PIN 结型两种结构;2. 在反向偏置或者是无偏状态下都能工作;3. 频带宽,灵敏度高,响应速度快,噪声低,线性输出范围比较宽。	应用于光电检测、光通信、红外遥控、医用分析仪器、紫外光照度计、污水检测、指纹识别及分光光度计及闪光灯等。
光电三极管	1. 感光面有一个光敏感的 PN 结;2. 可接收红外线,具有放大功能;3. 灵敏度较高,响应速度快,成本低,体积小,光照和温度的特性呈线性状态。	应用于光电逻辑电路,测量光亮度,如光耦合器、光控开关、光控语音报警器、防盗夜视装置、红外检测器、烟雾报警器。
雪崩光电二极管	1. 响应度高,暗电流低;2. 响应速度快,噪声低;3. 光敏面径宽,上升时间快。	应用于激光测距、激光雷达、高速光通信、工业自动化控制、汽车防撞系统及医疗仪器等。
光电倍增管	1. 时间分辨率高,暗电流较小;2. 稳定性较好,光照灵敏度高,噪声低;3. 高量子效率,高弱光检测,具有电流放大特性。	应用于资源勘查、X 光时间计、厚度计、射线测量仪、半导体元件检测系统、彩色扫描、热量计、等离子检测及大气观察等。
电荷耦合器（CCD）	1. 属于典型的固体图像传感器;2. 具有存储和转移电荷的功能,并对信号电荷传输和检测;3. 质量好,噪声低,光敏感度和准确度高;4. 技术先进,发展成熟。	应用于数码相机、广播电视、无线传真、摄像机、可视电话、扫描仪及自动监视装置等。

4. 光照传感器的应用

光照传感器技术已经成为智能化发展的重要技术之一。光照传感器与人们的生产和生活都有着紧密联系,智能手机、电脑、激光打印机、电视机、工业生产、条形码的读取、汽车及医疗等都离不开光照传感器。

（1）光照传感器在室内的应用

在室内使用的光照传感器,要求对光的探测灵敏度要高,并且要有精准的线性放大电路,对光照的测量有多种范围才能输出精准的线性电信号。在室内多用壁挂安装的形式,便于室内装饰,常在仓库、机房、工厂、智能楼宇控制、学校及家庭中应用。在室内,光照传感器可以根据环境要求自动检测并控制室内事物的运行状态。例如,利用光照传感器,并结合其他技术,可实现对家居中的盆栽进行智能监控,光照会影响植物对光合作用的进行,影响植物对水和矿物质的较好吸收,经过采用这种技术的检测,用户可以准确了解光照强度,植物能较好地生长,提高了环境舒适度。再者,把光照传感器应用于智能农业系统中,可有效对农作物进行光照的实时监测以及显示反馈数据,以便智能系统能够采取相应的应对措施。光照传感器在室内一些环境的应用如图 6-1-13 所示。

（2）光照传感器在室外的应用

在室外使用的光照传感器要求其环境适应性较高,常选封闭型铸铝材质的,需要有防水、抗腐蚀、模拟信号的输出精准及检测量程宽的特点。在光控路灯、农业生产、环境监测及车灯中常应用到。例如:利用光照传感器结合其他技术,可实现对路灯的智能控制。在汽车

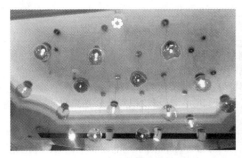

室内照明　　　　　　　　　　　　　　　　车间照明

图 6-1-13　光照传感器的室内应用

应用研究中,光照传感器能够检测车外光线的明暗情况,可感知处于各种不同场景的路况,根据检测到的道路情况,可自动控制车子大灯的开关状态,自动调节空调和雨刷等,可以减少因光线问题对驾驶员操作的影响,降低交通事故。光照传感器在室外一些环境的应用如图 6-1-14 所示。

户外照明　　　　　　　　　　　　　　　　路灯照明

图 6-1-14　光照传感器的室外应用

5. 光照传感器的发展趋势

近年来,光照传感器在智能家居、产品、种植及制造等方面有很大的进展。智能手机中就用到许多的光照传感器,如手机里的环境光线传感器,可以根据检测环境亮度自动调节屏幕亮度。通过综合运用大数据,智能家居以及人工智能结合光照传感器从不同维度去分析与判断,可检测物体的状态,使生活变得更加智能方便。

光照传感器的规格对其发展也尤为重要,因此改善性能指标是发展的关键。光照传感器在光敏度、集成信号调节功能、封装大小、最大勒克斯数、光谱响应及功耗等方面不断改善,输出不单是线性模拟输出,将根据不同需求实现多种输出形式,朝着集成化、微型化及智能化的方向发展。

五、环境光照传感器 ALS-PT19 传感器的仿真

ALS-PT19 主要应用于感应光波段 390～700 nm,由小型 SMD 中的光电晶体管组成。可用于环境的光检测,移动设备、移动电话显示背光检测,为小型贴片封装,外形和基本电路如图 6-1-15 所示,特性曲线如图 6-1-16 所示。

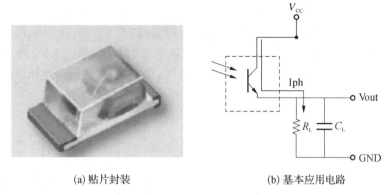

(a) 贴片封装　　　　　　　　　(b) 基本应用电路

图 6-1-15　光照传感器 ALS-PT19

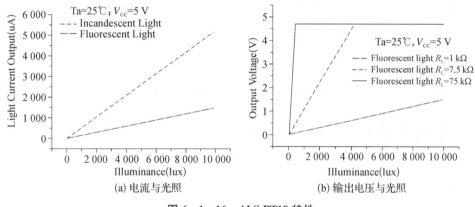

(a) 电流与光照　　　　　　　　　(b) 输出电压与光照

图 6-1-16　ALS-PT19 特性

图 6-1-16 说明，通过 ALS-PT19 的电流与光照成正比，串联电阻后，电流量转换为电压量，输出电压与光照成正比。

在 Proteus 8 Professional 元件库里，直接输入型号"ALS-PT19"，即可找到该光照传感器，如图 6-1-17 所示为具体仿真电路。

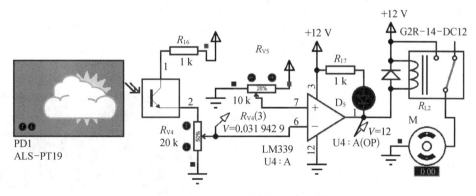

图 6-1-17　多云或阴天仿真电路

调节 ALS-PT19 传感器左下剪头，可模拟晴朗、多云、阴天、傍晚和晚上的光照情况。多云或阴天时，ALS-PT19 等效电阻变大，R_{V4} 处电压很低，经过 LM339 比较后，输出 U4A 处电压为高电平,继电器 R_{L2} 不能吸合,电机 M 不能运转。在农业智能大棚中,中午阳光强烈照射,棚内温度会过高,这时须打开大棚通风口以降温,如图 6-1-18 所示模拟,ALS-PT19 等效电阻变小,通过 ALS-PT19 电流变大,RV4 处电压上升,如超过 LM339 同相端的电压值,经过 LM339 比较后,输出 U4A 处电压为低电平,继电器 R_{L2} 吸合,电机 M 运转,模拟打开大棚通风口降温。

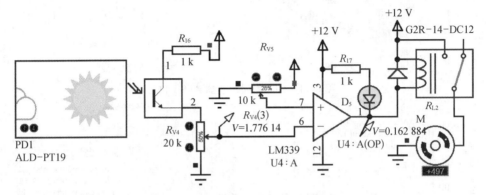

图 6-1-18 晴朗阳光强烈仿真电路

六、光照传感器实训项目

1. 项目名称

在 Arduino 上使用 GY30(BH1750FVI)数字光照传感器模块进行光照检测。

2. 实训材料

光照传感器、Arduino Uno、杜邦线。

3. 芯片介绍

如图 6-1-19 所示,GY30(BH1750FVI)的内部由光敏二极管、运算放大器、ADC 采集、晶振等组成。PD 二极管通过光生伏特效应将输入光信号转换成电信号,经运算放大电路放大后,由 ADC 采集电压,然后通过逻辑电路转换成 16 位二进制数存储在内部的寄存器中(注:进入光窗的光越强,光电流越大,电压就越大,所以通过电压的大小就可以判断光照大小,但是要注意的是电压和光强虽然是一一对应的,但不是成正比的,所以这个芯片内部是做了线性处理的,这也是为什么不直接用光敏二极管而用集成 IC 的原因)。

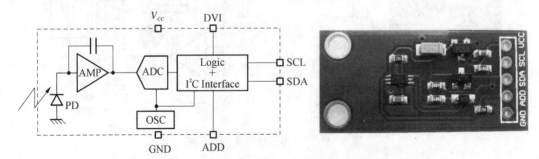

图 6-1-19 GY30(BH1750FVI)数字光照传感器的内部结构

4. GY30 光照传感器参数特性及引脚说明

供给电压：	3.0～5.0 V	接口：	I^2C
供给电流：	200 μA	工作温度：-40～85 ℃	
V_{CC}：	供给电压 3.0～5.0 V	SCL：	I^2C 总线时钟线
SDA：	I^2C 总线数据线	ADD：	I^2C 地址引脚
GND：	电源地		

5. 光照传感器与 Arduino 连接

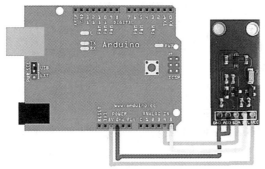

接线：
V_{CC} 接 Arduino 5 V
GND 接 Arduino GND
ADD 接 Arduino GND
SDA 接 Arduino Analog 4
SCL 接 Arduino Analog 5

图 6 - 1 - 20 光照传感器与 Arduino 连接

6. 程序代码

```
# include < Wire.h>
# include < math.h>
# include < MsTimer2.h>
int BH1750address = 0x23;//BH1750 I2C 地址
byte buff[2];
int flag = 0;//定时中断标志
void timer()//定时中断函数
{flag = 1;}
void setup()
{
  Wire.begin();
  Serial.begin(9600);
  MsTimer2::set(2000,timer); //定时器设置,每2秒触发一次 timer 函数操作
  MsTimer2::start();
}
void loop()
{
  if( flag )//
  {
    Serial.print( BH1750() );
    Serial.println("[Lux]");
```

```
    flag = 0;//归零,等着定时中断重新赋值
  }}
double BH1750() //BH1750 设备操作
{
  int i= 0;
  double  val= 0;
  //开始 I2C 读写操作
  Wire.beginTransmission(BH1750address);
  Wire.send(0x10);//1lx reolution 120ms//发送命令
  Wire.endTransmission();
  delay(200);
  //读取数据
  Wire.beginTransmission(BH1750address);
  Wire.requestFrom(BH1750address, 2);
  while(Wire.available()) //
  {
    buff[i]= Wire.receive();   // receive one byte
    i+ + ;
  }
  Wire.endTransmission();
  if(2= = i)
  {val= ((buff[0]< < 8)|buff[1])/1.2;}
    return val;
}
```

光照度数据参考(单位:lx):

晚上:0.001~0.02;   月夜:0.02~0.3;

多云室内:5~50;   多云室外:50~500;

晴天室内:100~1 000;   夏天中午光照下:大约 10^6;

阅读书籍时的照明度:50~60;家庭录像标准照明度:1 400

七、拓展知识

1. RS485 输出型光照传感器通信协议

(1) 通信协议说明(表 6-1-2)

表 6-1-2　寄存器地址

寄存器地址	PLC 或组态地址	内容	操作
0000H(十六进制)	40001(十进制)	湿度(单位:%R_H)	只读
0001H(十六进制)	40002(十进制)	温度(单位:0.1 ℃)	只读

寄存器地址	PLC或组态地址	内容	操作
0002H(十六进制)	40003(十进制)	光照度(只在0~200 000 lx启用,单位：lx)	只读
0003H(十六进制)	40004(十进制)		
0006H(十六进制)	40007(十进制)	光照度(0~65 535,单位:lx;0~200 000,单位：百勒克斯)	只读

（2）通信协议示例以及解释

举例:读取设备地址0x01的温湿度值。

① 问询帧（十六进制）

地址码	功能码	起始地址	数据长度	校验码低位	校验码高位
0x01	0x03	0x000x06	0x00 0x01	0x64	0x0B

② 应答帧（十六进制）:例如读到光照度为30 000 lx

地址码	功能码	返回有效字节数	数据区	校验码低位	校验码高位
0x01	0x03	0x02	0x05 0x30	0xBB	0x00

③ 光照度计算说明：

a.产品为0~65 535量程变送器,单位为1 lx

0530H(十六进制)=1 328→光照度=1 328 lx

b.产品为0~200 000量程变送器,单位为百勒克斯

0530H(十六进制)=1 328→光照度=132 800 lx

2. 模拟量输出型光照传感器输出信号转换说明

（1）4~20 mA输出信号转换计算

例如量程0~65 535 lx,4~20 mA输出,当输出信号为12 mA时,计算当前光照值。

此光照量程的跨度为65 535 lx,用16 mA电流信号来表达,65 535 lx/16 mA=4 095.937 5 lx/mA,即电流1 mA代表光照度变化4 095.937 5 lx。测量值12 mA−4 mA=8 mA。8 mA * 4 095.937 5 lx/mA=32 767.5 lx。32 767.5+(−0)=32 767.5 lx,当前光照度为32 767.5 lx。

计算公式为：

光照=4 095.937 5 * 电流−16 383.75,电流值单位为mA(量程0~65 535 lx)

光照=12 500 * 电流−50 000,电流值单位mA(量程0~200 000 lx)

（2）0~10 V输出信号转换计算

例如量程0~65 535 lx,0~10 V输出,当输出信号为5 V时,计算当前光照度值。

此光照量程的跨度为65 535 lx,用10 V电压信号来表达,65 535 lx/10 V=6 553.5 lx/V,即电压1 V代表光照变化6 553.5 lx。测量值5 V−0 V=5 V。5 V * 6 553.5/V=32 767.5 lx。当前光照度为32 767.5 lx。

计算公式为：

光照＝6 553.5 ＊ 电压，电压值单位 V（量程 0～65 535 lx）

光照＝20 000 ＊ 电压，电压值单位 V（量程 0～200 000 lx）

（3）0～5 V 输出信号转换计算

例如量程 0～65 535 lx，0～5 V 输出，当输出信号为 2 V 时，计算当前光照值。

此光照量程的跨度为 65 535 lx，用 5 V 电压信号来表达，65 535 lx/5 V＝13 107 lx/V，即电压 1 V 代表光照度变化 13 107 lx。测量值 2 V－0 V＝2 V。2 V ＊ 13 107 lx/V＝26 214 lx。当前光照为 26 214 lx。

计算公式为：

光照＝13 107 ＊ 电压，电压值单位 V（量程 0～65 535 lx）

光照＝40 000 ＊ 电压，电压值单位 V（量程 0～200 000 lx）

6.2 土壤湿度传感器与应用

一、教学目标

终极目标：掌握土壤湿度传感器的类型、应用、选型与使用注意事项。

促成目标：

1. 了解土壤湿度传感器的作用。

2. 掌握土壤湿度传感器的基本知识。

3. 能正确识别常用土壤湿度传感器。

4. 熟悉土壤湿度传感器的外部接线、安装及应用情况。

二、工作任务

工作任务：分析常用土壤湿度传感器类型、特点、接线方式与选用原则，并掌握其典型应用。

土壤湿度，即表示一定深度土层的土壤干湿度程度的物理量，又称土壤水分含量。土壤湿度的高低受农田水分平衡各个分量的制约。对湿度较为敏感的元件称为湿敏元件，如图6－2－1所示。

图 6－2－1 常见湿敏元件

土壤湿度传感器又名土壤水分传感器，土壤含水量传感器。土壤水分传感器由不锈钢探针和防水探头构成，可长期埋设于土壤和堤坝内使用，对表层和深层土壤进行墒情的定点监测和在线测量。与数据采集器配合使用，可作为水分定点监测或移动测量的工具测量土壤容积含水量，主要用于土壤墒情检测以及农业灌溉和林业防护。土壤湿度传感器实物如图 6－2－2 所示。

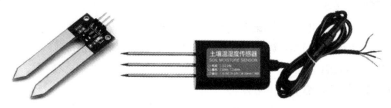

图 6-2-2 土壤湿度传感器实物

图 6-2-3 所示为 RS485 型光照传感器的引出线及其接线示意图,该类型传感器 RS485 有两线制和四线制两种接线,四线制只能实现点对点的通信方式,现很少采用,现在多采用的是两线制接线方式。485 信号接线时注意 A/B 条线不能接反,总线上多台设备间地址不能冲突。

图 6-2-3 RS485 型土壤湿度传感器的引出线及接线示意图

三、实践知识

1. 土壤湿度传感器的安装

土壤湿度传感器的安装方式有两种,分别是地表速测法安装和埋地测量法安装,如图 6-2-4 所示。

(a) 地表速测法安装   (b) 埋地测量法安装

图 6-2-4 土壤湿度传感器的安装方式

(1) 地表速测法安装

选定合适的测量地点,避开石块,确保钢针不会碰到坚硬的物体,按照所需测量深度抛开表层土,保持下面土壤原有的松紧程度,紧握传感器垂直插入土壤,插入时不可左右晃动,一个测点的小范围内建议多次测量求平均值。

（2）埋地测量法安装

垂直挖直径＞20 cm 的坑，在既定的深度将传感器钢针水平插入坑壁，将坑填埋严实，稳定一段时间后，即可进行连续数天、数月乃至更长时间的测量和记录。

2. 土壤湿度传感器的接线

（1）RS485 输出型土壤湿度传感器

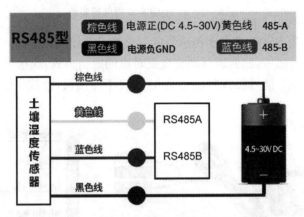

图 6-2-5　RS485 输出型土壤湿度传感器的接线

（2）模拟量输出型土壤湿度传感器

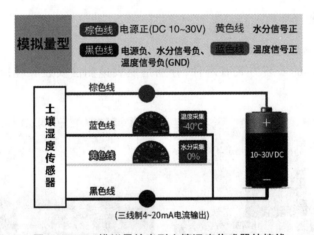

图 6-2-6　模拟量输出型土壤湿度传感器的接线

3. 土壤湿度传感器的数据传输方式

RS485 型土壤湿度传感器可通过 RS485 转 USB 模块，将光照采集数据上传到客户自备的上位机软件以实现实时监控功能，其数据传输方式如图 6-2-7 所示。

图 6-2-7　设备通过 RS485 转 USB 模块进行数据传输

RS485 型或模拟量输出型土壤湿度传感器还可通过环境监控主机,将光照采集数据上传到云平台上,以实现手机－电脑－平板远程实时监控,其数据传输方式如图 6－2－8 所示。

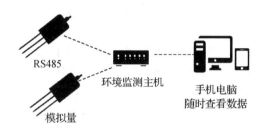

图 6-2-8　设备通过环境监控主机进行数据传输

4. 土壤湿度传感器选用注意事项

(1) 土壤温湿度传感器常用在室外,所以要采用严格的制造工艺对整个机身进行防水防尘处理,保证元器件稳定监测,防护等级 IP68,保证机身防水防腐。

(2) 传感器在测量时要把探针插入土壤测量,所以对探针的要求也很高。不锈钢探针,防锈、不电解、耐盐碱腐蚀,适用各种土质。

(3) 传感器的芯片对数据处理至关重要,所以要注意传感器芯片的种类。MCU 高品质运放,保证传感器低功耗、高灵敏、信号传输稳定。

(4) 密闭性能。探针与机身之间采用高密度环氧树脂真空浇灌,很大程度阻止水分进入机体内部,传感器密闭性能高。

四、理论知识

1. 土壤湿度表示方法

土壤湿度,即土壤的实际含水量,可用土壤含水量占烘干土重的百分数表示:土壤含水量＝水分重/烘干土重×100％。也可以用土壤含水量相对于饱和含水量的百分比,或相对于田间持水量的百分比等相对概念表达。

根据土壤的相对湿度可以知道,土壤含水的程度,还能保持多少水量,在灌溉上有参考价值。土壤湿度大小影响田间气候,土壤通气性和养分分解,是土壤微生物活动和农作物生长发育的重要条件之一。

土壤湿度受大气、土质、植被等条件的影响。在野外判断土壤湿度通常用手来鉴别,一般分为四级:① 湿,用手挤压时水能从土壤中流出;② 潮,放在手上留下湿的痕迹可搓成土球或条,但无水流出;③ 润,放在手上有凉润感觉,用手压稍留下印痕;④ 干,放在手上无凉快感觉,黏土成为硬块。

农业气象上土壤湿度常采用下列方法与单位表示:

① 重量百分数。即土壤水的重量占其干土重的百分数(％)。此法应用普遍,但土壤类型不同,相同的土壤湿度其土壤水分的有效性不同,不便于在不同土壤间进行比较。

② 田间持水量百分数。即土壤湿度占该类土壤田间持水量的百分数(％)。利于在不同土壤间进行比较,但不能给出具体水量的概念。

③ 土壤水分贮存量。指一定深度的土层中含水的绝对数量,通常以毫米为单位,便于与

降水量、蒸发量比较。土壤水分贮存量 W(毫米)的计算公式为: $W=0.1 \cdot h \cdot d \cdot w$。式中 h 是土层厚度, d 为土壤容重(g/cm³),0.1 是单位换算系数, w 为土壤湿度(重量百分数)。

④ 土壤水势或水分势是用能量表示的土壤水分含量。其单位为大气压或焦/克。为了方便使用,可取数值的普通对数,缩写符号为 pF,称为土壤水的 pF 值。

2. 土壤湿度测量方法

土壤既是一种非均质的、多相的、分散的、颗粒化的多孔系统,又是一个由惰性固体、活性固体、溶质、气体以及水组成的多元复合系统,其物理特性非常复杂,并且空间变异性非常大,这就造成了土壤水分测量的难度。土壤水分测量方法的深入研究,需要一系列与其相关的基础理论支持,尤其是土壤作为一种非均一性多孔吸水介质对其含水量测量方法的研究涉及应用数学、土壤物理、介质物理、电磁场理论和微波技术等多种学科的并行交叉。而要实现土壤水分的快速测量又要考虑到实时性要求,这更增加了其技术难度。

土壤的特性决定了在测量土壤含水量时,必须充分考虑到土壤容重、土壤质地、土壤结构、土壤化学组成、土壤含盐量等基本物理化学特性及变化规律。

① 重量法。取土样烘干,称量其干土重和含水重加以计算。

② 电阻法。使用电阻式土壤湿度测定仪测定。根据土壤溶液的电导性与土壤水分含量的关系测定土壤湿度。

③ 负压计法。使用负压计测定。当未饱和土壤吸水力与器内的负压力平衡时,压力表所示的负压力即为土壤吸水力,再据以求算土壤含水量。

④ 中子法。使用中子探测器加以测定。中子源放出的快中子在土壤中的慢化能力与土壤含水量有关,借助事先标定,便可求出土壤含水量。

⑤ 遥感法。通过对低空或卫星红外遥感图像的判读,确定较大范围内地表的土壤湿度。

3. 土壤湿度传感器分类

经过半个多世纪的发展,土壤湿度传感器已经种类繁多、形式多样。湿度的测量具有一定的复杂性,人们熟知的毛发湿度计、干湿球湿度计等已不能满足现代要求的实际需要。因此,人们研制了各种土壤湿度传感器。湿度传感器按照其测量的原理,一般可分为电容型、电阻型、离子敏型、光强型、声表面波型等。

(1)电容型土壤湿度传感器

电容型土壤湿度传感器的敏感元件为湿敏电容,主要材料一般为金属氧化物、高分子聚合物。这些材料对水分子有较强的吸附能力,吸附水分的多少随环境湿度的变化而变化。由于水分子有较大的电偶极矩,吸水后材料的电容率发生变化,电容器的电容值也就发生变化。把电容值的变化转变为电信号,就可以对湿度进行监测。湿敏电容一般是用高分子薄膜电容制成的,当环境湿度发生改变时,湿敏电容的介电常数发生变化,使其电容量也发生变化,其电容变化量与相对湿度成正比,利用这一特性即可测量湿度。常用的电容型土壤湿度传感器的感湿介质主要有:多孔硅、聚酰亚胺,此外还有聚砜(PSF)、聚苯乙烯(PS)、PMMA(线性、交联、等离子聚合)。

为了获得良好的感湿性能,希望电容型土壤湿度传感器的两级越接近、作用面积和感湿介质的介电常数变化越大越好,所以通常采用三明治型结构的电容土壤湿度传感器。它的优势在于可以使电容型土壤湿度传感器的两级较接近,从而提高电容型土壤湿度传感器的灵敏度。

图 6-2-9 所示为常见的电容型土壤湿度传感器的结构示意图。交叉指状的铝条构成了电容器的两个电极,每个电极有若干铝条,每条铝条长 400 μm,宽 8 μm,铝条间有一定的间距。铝条及铝条间的空隙都暴露在空气中,这使得空气充当电容器的电介质。由于空气的介电常数随空气相对湿度的变化而变化,电容器的电容值随之变化,因而该电容器可用作湿度传感器。多晶硅的作用是制造加热电阻,该电阻工作时可以利用热效应排除沾在湿度传感器表面的可挥发性物质。上述电容型土壤湿度传感器的俯视图如图 6-2-10 所示。

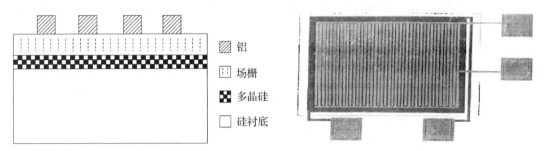

图 6-2-9　电容型土壤湿度传感器结构示意图	图 6-2-10　电容型土壤湿度传感器结构俯视图

电容型土壤湿度传感器在测量过程中,就相当于一个微小电容,对于电容的测量,主要涉及两个参数,即电容值 C 和品质参数 Q。土壤湿度传感器并不是一个纯电容,它的等效形式如图 6-2-11 虚线部分所示,相当于一个电容和一个电阻的并联。

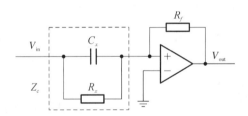

图 6-2-11　电容型土壤湿度传感器的等效形式及测量微分电路图

（2）电阻型土壤湿度传感器

电阻型土壤湿度传感器的敏感元件为湿敏电阻,其主要的材料一般为电介质、半导体、多孔陶瓷等。这些材料对水的吸附较强,吸附水分后电阻率/电导率会随湿度的变化而变化,这样湿度的变化可导致湿敏电阻阻值的变化,电阻值的变化就可以转化为需要的电信号。例如,氯化锂的水溶液在基板上形成薄膜,随着空气中水蒸气含量的增减,薄膜吸湿脱湿,溶液中的盐的浓度减小、增大,电阻率随之增大、减小,两级间电阻也就增大、减小。又如多孔陶瓷湿敏电阻,陶瓷本身是由许多小晶颗粒构成的,其中的气孔多与外界相通,通过毛孔可以吸附水分子,引起离子浓度的变化,从而导致两极间的电阻变化。

湿敏电阻的特点是在基片上覆盖一层用感湿材料制成的膜,当空气中的水蒸气吸附在感湿膜上时,元件的电阻率和电阻值发生变化,利用这一特性即可测量湿度。

电阻型土壤湿度传感器可分为两类:电子导电型和离子导电型。电子导电型土壤湿度传感器也称为"浓缩型土壤湿度传感器",它通过将导电体粉末分散于膨胀性吸湿高分子中制成湿敏膜。随湿度变化,膜发生膨胀或收缩,从而使导电粉末间距变化,电阻随之改变。但是这类传感器长期稳定性差,且难以实现规模化生产,所以应用较少。离子导电型土壤湿度传感器,它是高分子湿敏膜吸湿后,在水分子作用下,离子相互作用减弱,迁移率增加,同时吸附的水分子电离使离子载体增多,膜电导随湿度增加而增加,由电导的变化可测知环境湿度,这类传感器应用较多。在电阻型土壤湿度传感器中通过使用小尺寸传感器和高阻值的电阻薄膜,可以改善电流的静态损耗。

电阻型土壤湿度传感器结构模型示意图如图 6-2-12 所示。金属层 1 作为连续的电极,它与另一个电极是隔开的。活性物质被淀积在薄膜上,用来作为两个电极之间的连接,并且这个连接是通过感湿传感层的,湿敏薄膜则直接暴露在空气中,在金属层 2 上挖去一定的区域直到金属层 1,用这些区域作为传感区。金属层和金属层 2 只是作为电极,它们之间是没有直接接触的。整个传感器是由许多这样的小单元组成的。根据传感器所需的电阻值的不同,小单元的数目是可以调节的。因为两个电极之间的连接只能在每个小单元中确定,所以整个传感器的构造可以看成是一系列的平行电阻。

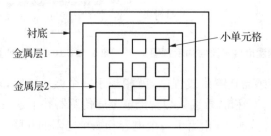

图 6-2-12 电阻型土壤湿度传感器结构示意图

根据高分子薄膜电阻型湿度传感器的物理结构及高分子材料的感湿机理,可将电阻型湿敏元件的电路等效为一个电阻和电容并联或串联的模型,如图 6-2-13 所示。

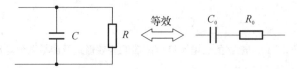

图 6-2-13 电阻型土壤湿度传感器简化电路和等效电路图

实际上,图 6-2-13 所示的两种等效方法是一致的,不同的是,采用右图可以直接得到传感器阻抗的实部和虚部,即传感器的电阻与电容分量,其等效转化如下:

$$Z_0 = \frac{R}{1+j\omega RC} \tag{6-2-1}$$

$$R_0 = \frac{1/R}{(1/R)^2 + (2\pi fC)^2} \tag{6-2-2}$$

$$C_0 = \frac{(1/R)^2 + (2\pi fC)^2}{(2\pi f)C^2} \tag{6-2-3}$$

$$|Z_0| = \sqrt{\frac{1}{(2\pi fC_0)^2} + R_0^2} \tag{6-2-4}$$

式中,R_0 和 C_0 分别是湿度传感器等效成串联模型时的电阻分量和电容分量;Z_0 是串联模型时的复阻抗;Z_0 为复阻抗的模。

（3）离子型土壤湿度传感器

离子敏场效应晶体管（ISFET）属于半导体生物传感器，是 20 世纪 70 年代由 P.Bergeld 发明的。ISFET 通过栅极上不同敏感薄膜材料直接与被测溶液中离子缓冲溶液接触，进而可以测出溶液中的离子浓度。

离子敏型土壤湿度传感器结构模型示意图如图 6-2-14 所示。离子敏感器件由。离子选择膜（敏感膜）和转换器两部分组成，敏感膜用以识别离子的种类和浓度，转换器则将敏感膜感知的信息转换为电信号。离子敏场效应管在绝缘栅上制作一层敏感膜，不同的敏感膜所检测的离子种类也不同，从而具有离子选择性。

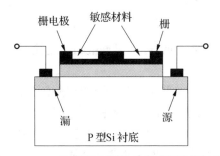

图 6-2-14　离子型土壤湿度传感器结构示意图

离子敏场效应管（ISFET）兼有电化学与 MOSFET 的双重特性，与传统的离子选择性电极（ISE）相比，ISFET 具有体积小、灵敏、响应快、无标记、检测方便、容易集成化与批量生产的特点。但是，离子敏场效应管（ISFET）与普通的 MOSFET 相似，只是将 MOSFET 栅极的多晶硅层移去，用湿敏材料所代替。当湿度发生变化时，栅极的两个金属电极之间的电势会发生变化，栅极上湿敏材料的介电常数的变化将会影响通过非导电物质的电荷流。

因此，ISFET 在生命科学研究、生物医学工程、医疗保健、食品加工、环境检测等领域有广阔的应用前景。

4. 三种土壤湿度传感器的分析比较

通过对三种土壤湿度传感器的研究可知：电容型土壤湿度传感器是由交叉指状铝条构成电容器的电极，利用空气充当电容器的电介质，随空气相对湿度的变化其介电常数发生变化，电容器的电容值也将随之变化，所以该电容器可用作土壤湿度传感器。

电阻型土壤湿度传感器是由通过感湿传感层的两个电极构成的许多小单元组成，利用小单元的数目改变，使电阻值发生变化，所以可用作土壤湿度传感器。

离子敏型土壤湿度传感器由敏感膜和转换器两部分组成，利用敏感膜来识别离子的种类和浓度，转换器则将敏感膜感知的信息转换为电信号，因此也可作为土壤湿度传感器。

同时根据对三种不同类型的土壤湿度传感器结构示意图研究发现：多孔硅与 CMOS 工艺不兼容，并且多孔硅制备的工艺条件及后处理、孔隙及孔径大小的控制很困难，同时多孔硅的感湿机理比较复杂，因此 CMOS 湿度传感器的主要感湿介质以聚酰亚胺为主。聚酰亚胺类的传感器可与 CMOS 工艺兼容，成本也较低，并且无须高温加工和加热清洁，它对湿度的感应不像多孔陶瓷易受污染。而若用 CMOS 工艺生产电阻型湿度传感器和离子敏型湿度传感器，它们需要改动较多 CMOS 的工艺。例如：改变生产过程的先后顺序，使用新的掩膜板等，这些都会耗费大量的流片资金；并且与标准的 CMOS 工艺相比，工艺较不成熟，增加了流片的风险性；同时它们存在着难与外围电子封装在一起的困难。

另外，电容型湿度传感器(CHS)感应相对湿度范围大，并且结构与等效形式较简单，生产过程较容易，因此对它的研究受到了广泛重视。以梳状铝电极结构的聚酰亚胺作为电容型土壤湿度传感器的感湿介质的优点主要是可与 CMOS 工艺相兼容，可利用成熟的标准 CMOS 工艺来加工，且加工工艺较简单，所以能够把更多的器件(敏感器件或外围的电路器件)集成在同一块芯片上或封装在一起，使土壤湿度传感器具有更好的性能或更多的功能。同时有利于使土壤湿度传感器向小型化、集成化、成本低、功能全面等好的方向发展。

五、土壤湿度传感器实训项目

1. 项目名称

在 Arduino 上使用土壤湿度传感器，用于土壤的湿度检测。

2. 实训原理

土壤湿度传感器由两个探测器组成，用于测量土壤中的水量。两个探头允许电流通过土壤，并根据其电阻测量土壤的水分含量。当水量较多时，土壤传导更多的电流，这意味着阻值将更小，因此水分含量会更高。而干土会降低电导率，当水量较少时，土壤传导的电量较少，这意味着它具有更大的阻值，因此水分含量会降低。

3. 实训材料

土壤湿度传感器、Arduino Uno、杜邦线。

4. 土壤湿度传感器参数特性及引脚说明

参数名称	参数
检测深度	38 mm
工作电压	2.0~5.0V
产品尺寸	20.0 mm*51.0 mm
固定孔尺寸	2.0 mm
引脚	功能
V_{CC}	接2.0~5.0 V
GND	接GND
AOUT	接MCU.IO(模拟量输出)

图 6-2-15　土壤湿度传感器参数特性及引脚说明

5. 土壤湿度传感器与 Arduino 连接

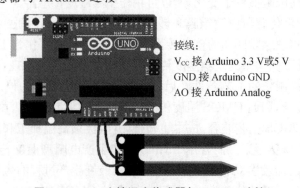

接线：
V_{CC} 接 Arduino 3.3 V或5 V
GND 接 Arduino GND
AO 接 Arduino Analog

图 6-2-16　土壤湿度传感器与 Arduino 连接

6. 程序代码

```
/* https://electropeak.com/learn/ * /
# define SensorPin A0
float sensorValue = 0;
void setup() {
  Serial.begin(9600);
}
void loop() {
  for (int i =  0; i < =  100; i+ + )   {
    sensorValue =  sensorValue +  analogRead(SensorPin);
    delay(1);
  }
  sensorValue =  sensorValue/100.0;
  Serial.println(sensorValue);
  delay(30);
}
```

对于每次土壤水分测量,我们平均采用 100 个传感器数据,使数据更加平稳和准确。此外,10～20 个月后,传感器可能会在土壤中被氧化而失去准确性,应该每年更换它。

六、拓展知识

利用单片机与土壤湿度传感器进行土壤湿度采集。

土壤湿度采集电路如图 6－2－17 所示,土壤湿度传感器一端直接与单片机 I/O 口连接,利用单片机内部自带 A/D 转换程序将采集的模拟量进行数据,简化了外围硬件电路设计,另一端则直接与 GND 连接。

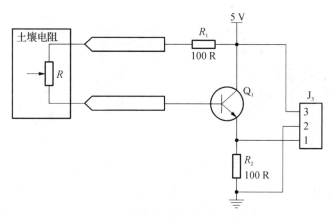

图 6－2－17　土壤湿度采集电路

传感器两端没入土壤的部分结合混合多电解质的导电率计算土壤湿度值。电极两端放入土壤中,相当于将一个可变电阻接入电路,通过感应土壤阻值的变化,三极管 Q_1 和电阻

R_1 共同完成电流到电压的转换，5 V 电压驱动集电极，和电阻 R_2 将经过土壤流入三极管的基极电流转换成电压。接入电路的阻值越大，基极电流越小，集电极电阻两端的电压越小，湿度值越小，反之亦然。

6.3 CO$_2$ 传感器与应用

微信扫码见本节
仿真电路图与程序代码

一、教学目标

终极目标：掌握 CO$_2$ 传感器的类型、应用、选型与使用注意事项。

促成目标：

1. 了解 CO$_2$ 传感器的作用。
2. 掌握 CO$_2$ 传感器的基本知识。
3. 能正确识别常用 CO$_2$ 传感器。
4. 熟悉 CO$_2$ 传感器的外部接线、安装及应用情况。

二、工作任务

工作任务：分析常用 CO$_2$ 传感器类型、特点、接线方式与选用原则，并掌握其典型应用。

二氧化碳是一种无色无味的气体，它是大气重要组成成分之一。二氧化碳作为光合作用的主要反应物，其浓度大小直接关系到农作物的光合效率，决定着农作物的生长发育、成熟期、抗逆性、质量和产量等。但其含量过高除了会产生温室效应等多种影响，还会危害人类的健康。当浓度达到 0.3% 时人们会出现明显的头痛，达到 4%～5% 时会感到眩晕。二氧化碳传感器主要是测量大气环境中的二氧化碳成分，在工业、农业、医疗卫生、环境保护、航空航天等许多领域都具有广泛的应用。常见的 CO$_2$ 传感器实物如图 6-3-1 所示。

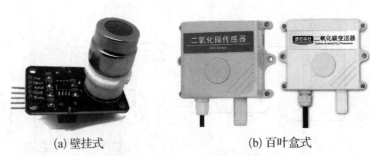

(a) 壁挂式　　　　　　　　(b) 百叶盒式

图 6-3-1　CO$_2$ 传感器实物

图 6-3-2 为 RS485 输出型 CO$_2$ 传感器的引出线及其接线示意图，该类型传感器可直接接入带有 485 接口的 PLC 或通过 485 接口转换器连接至单片机和个人电脑。485 信号接线时注意 A/B 条线不能接反，总线上多台设备间地址不能冲突。

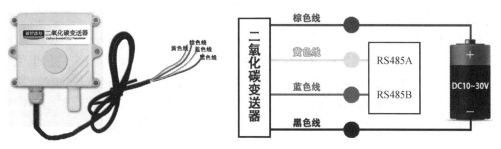

图 6-3-2　**RS485 输出型 CO_2 传感器的引出线及接线示意图**

三、实践知识

1. CO_2 传感器的安装

对于壁挂型 CO_2 传感器,在其安装过程中首先在墙面钻孔,然后将膨胀塞放入孔中,将自攻螺丝旋进膨胀塞中,其安装方法如图 6-3-3 所示。

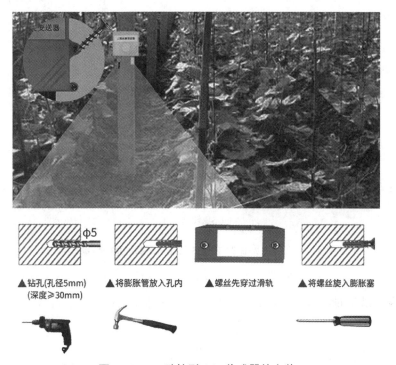

▲ 钻孔(孔径5mm)　▲ 将膨胀管放入孔内　▲ 螺丝先穿过滑轨　▲ 将螺丝旋入膨胀塞
(深度≥30mm)

图 6-3-3　**壁挂型 CO_2 传感器的安装**

2. CO_2 传感器的接线

（1）RS485 输出型 CO_2 传感器

RS485 输出型 CO_2 传感器的接线如图 6-3-4所示,其引出线共有四条,棕色引出线接电源正极,黑色引出线接电源负极,黄色引出线接 RS485 通信线 A 端,蓝色引出线接 RS485 通信线 B 端,接线时务必确保 A、B 两

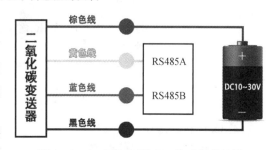

图 6-3-4　**RS485 型 CO_2 传感器的接线**

条通信线不能接反,否则将不能读取数据。

(2) 模拟量输出型 CO_2 传感器

模拟量输出型 CO_2 传感器的引出线共有四条,其中棕色引出线接电源正极,黑色引出线接电源负极,黄(灰)色引出线接电压(电流)输出正端,蓝色引出线接电压(电流)输出负端,常见的接线方法有四线制模拟量输出接法和三线制模拟量输出接法,如图 6-3-5 所示,接线时要注意信号线的正负,不要将电压(电流)信号线的正负接反。

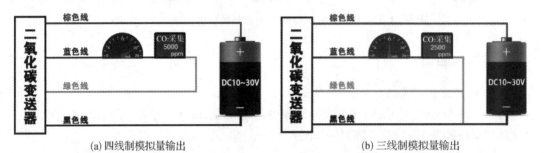

(a) 四线制模拟量输出　　　　　　　　　　(b) 三线制模拟量输出

图 6-3-5　模拟量输出型 CO_2 传感器的接线

3. CO_2 传感器的数据传输方式

RS485 型 CO_2 传感器可通过 RS485 转 USB 模块,将二氧化碳采集数据上传到客户自备的上位机软件以实现实时监控功能,其数据传输方式如图 6-3-6 所示。

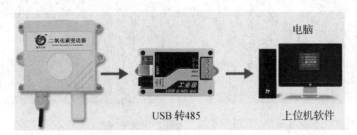

图 6-3-6　设备通过 RS485 转 USB 模块进行数据传输

RS485 型或模拟量输出型 CO_2 传感器还可通过环境监控主机,将二氧化碳采集数据上传到云平台上,以实现手机-电脑-平板远程实时监控,其数据传输方式如图 6-3-7 所示。

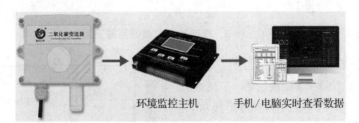

图 6-3-7　设备通过环境监控主机进行数据传输

4. CO_2 传感器使用注意事项

(1) 注意测量范围:一般情况下,二氧化碳气体传感器的默认测量范围为 0~5 000 ppm,

但在一些农业场合,当作物呼吸强烈时,CO_2 浓度可能会超过 5 000 ppm,因此测量范围应为 0～10 000 ppm。

(2) 注意环境温度:二氧化碳气体传感器本身的工作环境温度为 -10～50 ℃。如果温度超过这个温度,就会出现测量误差,所以要注意使用环境温度。

(3) 注意防水:二氧化碳气体传感器设备上有一层透气膜,所以该设备不防水,所以使用时要注意防水。

四、理论知识

二氧化碳是植物进行光合作用的重要原料之一。二氧化碳可以提高植物光合作用的强度,并有利于作物的早熟丰产,增加含糖量,改善品质。二氧化碳本身没有毒性,但若空气中的二氧化碳浓度超过正常含量时,就对人体会产生有害的影响;二氧化碳不能透过红外辐射,所以它可以防止地表热量辐射到太空中,具有调节地球气温的功能,但若是二氧化碳含量过高,就会使地球的温度逐渐升高,形成"温室效应";温室栽培使作物处于相对封闭的空间中,而温室内的 CO_2 浓度在一天内的高低起伏很大,若环境中二氧化碳浓度过低时,作物将自动关闭光合作用,这将影响作物的正常生长。因此,在工业、农业以及室外环境中常使用二氧化碳传感器对环境中的二氧化碳浓度进行实时监测。

1. CO_2 传感器的种类

目前市场上常见的二氧化碳传感器主要有固态电解质型、电化学式、催化剂和红外式。

(1) 热导池 CO_2 传感器

热导池二氧化碳传感器是一种利用二氧化碳气体的热导率进行出来的设备,当两个和多个气体的热导率差别较大时,可以利用热导元件,分辨其中一个组分的含量,当然,这种设备不仅在测量二氧化碳气体浓度方面,在测量氢气以及某些稀有气体方面也可以使用。

(2) 催化剂 CO_2 传感器

催化剂二氧化碳变送器是一种以催化剂作为基本元件的二氧化碳变送器。它利用在特定型号的电阻表面的催化剂涂层,在一定的温度下,可燃性气体在其表面催化燃烧来作为二氧化碳变送器的工作原理,所以人们将这种二氧化碳变送器也成为热燃烧式变送器。

(3) 半导体 CO_2 传感器

半导体二氧化碳传感器是一种早期的气体出来仪器,它通过一些比较原始的结构,利用金属氧化物半导体材料,与特定气体环境中、一定温度下发生的电阻或者电流波动的原理进行检出的,由于这种设备极易受到温度变化的影响,目前已经被业界淘汰。

(4) 固体电解质 CO_2 传感器

固体电解质是一种具有与电解质水溶液相同的离子导电特性的固态物质,用作气体传感器时,它是一种电池。将此类型的二氧化碳传感器置于含有二氧化碳气体的环境中时,将会发生电池反应,从而计算出二氧化碳的浓度。

(5) 电化学 CO_2 传感器

电化学式二氧化碳变送器利用二氧化碳气体的电化学活性原理进行浓度测量。当二氧化碳气体进入传感器后,在敏感点击表面进行氧化或还原反应,产生电流并通过外电路流经点击,该电流的大小比例于气体的浓度,可通过外电路的负荷电阻予以测量。

(6) 红外 CO_2 传感器

自然界中的每种气体都会吸收光,其中 CO_2 气体对波长为 $4.26\ m$ 的红外线特别敏感。红外二氧化碳传感器就是根据特定波段内 CO_2 对红外辐射的吸收,来减弱通过测量室传输的辐射能量,衰减程度取决于被测气体中 CO_2 的含量。

2. 红外 CO_2 传感器的工作原理

当红外光通过待测气体时,这些气体分子对特定波长的红外光有吸收作用,其吸收关系服从朗伯-比尔吸收定律。设入射光是平行光,其强度为 I_0,出射光的强度为 I,气体介质的厚度为 L。当由气体介质中的分子数 dN 的吸收所造成的光强减弱为 dI 时,根据朗伯-比尔吸收定律:

$$\frac{dI}{I}=-K\,dI \tag{6-3-1}$$

式中:K——比例常数。经积分得:

$$\ln I=-KN+\alpha \tag{6-3-2}$$

式中:N——吸收气体介质的分子总数;

α——积分常数。

显然,有 $N\propto cL$。

其中 c 为气体浓度。则式(6-3-2)可写成:

$$I=\exp(\alpha)\exp(-KN)=\exp(\alpha)\exp(-\mu cL)=I_0\exp(-\mu cL) \tag{6-3-3}$$

式(6-3-3)表明:光强在气体介质中随浓度 c 及厚度 L 按指数规律衰减。吸收系数取决于气体特性,各种气体的吸收系数 μ 互不相同。对同一气体,μ 随入射波长而变。若吸收介质中含 i 种吸收气体,则式(6-3-3)应改为:

$$I=I_0\exp(-L\sum\mu_i c_i) \tag{6-3-4}$$

因此对于多种混合气体,为了分析特定组分,应该在传感器或红外光源前安装一个适合分析气体吸收波长的窄带滤光片,使传感器的信号变化只反映被测气体浓度变化。

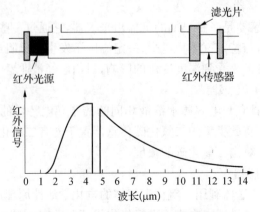

图 6-3-8 红外气体分析示意图

图 6-3-8 所示为红外气体分析原理图。分析 CO_2 气体时,红外光源发射出 $1\sim20~\mu m$ 的红外光,通过一定长度的气室吸收后,经过一个 $4.26~\mu m$ 波长的窄带滤光片后,由红外传感器监测透过 $4.26~\mu m$ 波长红外光的强度,以此表示 CO_2 气体的浓度。

3. CO_2 传感器的技术指标

(1) 量程

用户在选购 CO_2 传感器时遇到的 ppm 数值通常是用来描述一种气体与另外一种气体混合的时候所占有的百分比的多少,所以也被称为百分比浓度,$1~ppm=0.000~1\%$,或者说 $1~ppm=$ 百万分之一。例如:空气中二氧化碳含量约为 330 ppm,近似就是空气中二氧化碳含量约 0.03%。二氧化碳传感器的 ppm 值通常会出现在量程值上面,通过这个值,我们就能了解到所挑选二氧化碳传感器能测量到的最大值和最小值的变化范围。

(2) 精度

精度是衡量 CO_2 传感器性能好坏的重要指标,说明精确度的指标一般涵盖三个方面,即一致性、准确度和精确度。

一致性表示传感器在输入量按同一方向做全量程多次测试时,所得特性曲线不一致性的程度。多次按相同输入条件测试的输出特性曲线越重合,其一致性越好,误差也越小。

准确度说明测量结果偏离真值的程度,即示值有规则偏离真值的程度,指所测值与真值的符合程度。

精确度含有精密度与正确度两者之和的意思,即测量的综合优良程度。在最简单的场合下可取两者的代数和。通常精确度是以测量误差的相对值来表示。

(3) 响应时间

当传感器被测变量发生变化的时候,传感器一般不能立即对此做出反应,一般都有一个滞后,这个滞后的时间就是响应时间。

(4) 稳定性

稳定性是指在室温条件下,经过相当长的时间间隔,例如一天或者一月甚至一年,传感器输出与起始标定时的输出之间的差异。稳定性有短期稳定性和长期稳定性之分。对于 CO_2 传感器,常用长期稳定性来描述其稳定性。

(5) 漂移

漂移是指在外界的干扰下,在一定时间内,传感器输出量发生与输入量无关、不需要的变化,通常包括零点漂移和灵敏度漂移。

五、CO_2 传感器实训项目

1. 项目名称

在 Arduino 上使用 CO_2 传感器进行 CO_2 浓度的检测。

2. 实训原理

SEN0220 二氧化碳传感器是一个通用型、小型传感器,利用非色散红外(NDIR 技术)原理对空气中存在的 CO_2 进行探测,具有很好的选择性,无氧气依赖性,使用寿命长达 5 年。并且内置温度补偿,使用串口,就可读取当前 CO_2 气体浓度。

3. 实训材料

DFRuino UNO R3、SEN0220 二氧化碳传感器模块、杜邦线若干。

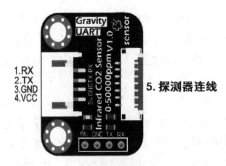

图 6 - 3 - 9   SEN0220 CO_2 传感器模块

4. 引脚说明

RX:串口 RX;TX:串口 TX;GND:地;V_{CC}:电源;探测器连接探测器。

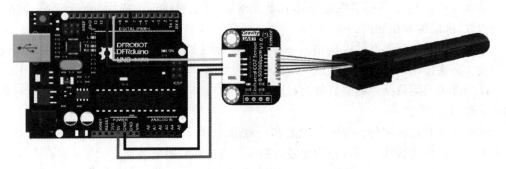

图 6 - 3 - 10 CO_2 传感器与 Arduino 连接

5. CO_2 传感器与 Arduino 连接

6. 程序代码

```
# include < SoftwareSerial.h>
SoftwareSerial mySerial(10, 11); // RX, TX
unsigned char hexdata\[9\] = {0xFF, 0x01, 0x86, 0x00, 0x00, 0x00, 0x00,
0x00, 0x79}; //Read the gas density command /Don't change the order
void setup() {
  Serial.begin(9600);
  while (! Serial) {
  }
  mySerial.begin(9600);
}
void loop() {
  mySerial.write(hexdata, 9);
  delay(500);
  for (int i =  0, j =  0; i <  9; i+ + )
  {
    if (mySerial.available() > 0)
```

```
{
  long hi, lo, CO2;
  int ch = mySerial.read();
  if (i == 2) {
    hi = ch;     //High concentration
  }
  if (i == 3) {
    lo = ch;     //Low concentration
  }
  if (i == 8) {
    CO2 = hi * 256 + lo; //CO2 concentration
    Serial.print("CO2 concentration: ");
    Serial.print(CO2);
    Serial.println("ppm");
  }   }  }}
```

7. 运行结果

打开串口监视器，预热约 3 分钟后，得到最终的数据。（测试环境：室内常温）

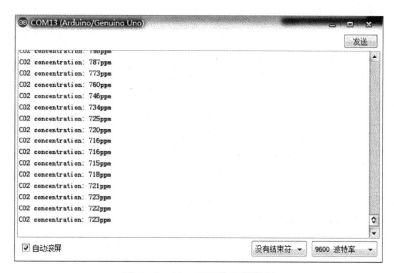

图 6 - 3 - 11　串口监视的数据

六、拓展知识

室内二氧化碳含量如何影响我们的工作和生活？

1. 二氧化碳浓度标准和人体感受

室内二氧化碳浓度在 700 ppm 以下时属于清洁空气，人们会感觉舒适，当浓度在 700～1 000 ppm 也还算正常，属于一般的空气质量，有些敏感人士会感觉不太好，当二氧化碳浓度超过 1 000 ppm，但在 1 500 ppm 范围时空气属于临界阶段，大多数人都会有不舒适的感觉。

二氧化碳浓度达到 1 500～2 000 ppm 时，空气属于轻度污染，超过 2 000 ppm 属于严重污染。

当人们长期吸入浓度过高的二氧化碳时,会造成人体生物钟紊乱,高浓度的二氧化碳会抑制呼吸中枢,浓度特别高会对呼吸中枢有麻痹作用。

长此以往人们会有气血虚弱、低血脂等症状,而且大脑特别容易疲劳,严重影响生活和工作,如上班族会感觉工作力不从心,学生学习无法集中注意力。

当二氧化碳浓度处于 3 000~4 000 ppm 时,会导致人们呼吸急促,出现头疼、耳鸣、血压增加等症状。

当二氧化碳浓度高达 8 000 ppm 以上时会出现死亡现象,所以二氧化碳浓度也是衡量室内空气是否清洁的标准之一。

2. 如何应对二氧化碳浓度高带来的危害

首先需要知道所处环境的二氧化碳的含量,否则无法判断是否在一个良好的室内空气环境中,采用空气质量检测仪器可以检测室内二氧化碳的含量,当室内二氧化碳的含量过高,建议安装新风系统,新风可以将室外的空气过滤后进入室内,并将室内污浊的空气排出室外,时刻保持室内健康、含氧量充足,并维持较低的二氧化碳含量。

习题

6.1　对光照强度较为敏感的元件称为_____。

6.2　_____是一种专用于检测光照强度的仪器,它能够将光照强度的大小转换成电信号。

6.3　四线制模拟量输出型光照传感器中,棕色线接_____,黑色线接_____,蓝色线接_____,绿色线接_____。

6.4　_____传感器由不锈钢探针和防水探头构成,可长期埋设于土壤和堤坝内使用,对表层和深层土壤进行墒情的定点监测和在线测量。

6.5　土壤湿度传感器按照其测量的原理,一般可分为_____、_____、离子敏型、光强型和声表面波型等。

6.6　土壤湿度传感器的安装方式有两种,分别是_____安装和_____安装。

6.7　二氧化碳传感器主要是测量大气环境中的_____的成分。

6.8　在工业、农业以及室外环境中常使用_____传感器对环境中的二氧化碳浓度进行实时监测。

6.9　简述光照传感器的结构组成及其工作过程。

6.10　土壤湿度传感器的安装方式有哪些?简述其安装过程。

6.11　简述土壤湿度的表示方法。

6.12　说一说目前市场上常见的二氧化碳传感器的种类,以及它们各自的特点。

参考文献

［1］梁长垠.传感器应用技术［M］.北京:高等教育出版社,2018.

［2］陈晓军.传感器与检测技术项目式教程［M］.北京:电子工业出版社,2014.

［3］宋雪臣.传感器与检测技术［M］.北京:人民邮电出版社,2012.

［4］张米雅.传感器应用技术［M］.北京:北京理工大学出版社,2014.

［5］俞志根,左希庆,周晓邑等.传感器与检测技术［M］.北京:科学出版社,2007.

［6］蒋万翔,张亮亮,金洪吉.传感器技术与应用［M］.哈尔滨:哈尔滨工程大学出版社,2018.

［7］贾海瀛.传感器技术与应用［M］.北京:高等教育出版社,2015.

［8］程军.传感器及实用检测技术［M］.西安:西安电子科技大学出版社,2008.